化學(第三版)

張振華、莊青青　編著

全華圖書股份有限公司

作者序

　　生活無處不化學，舉目所見多為化學製品，可見化學與人類生活密切相關，因此本書內容舉例盡量貼近生活層面，使學習者能更輕鬆學習到化學基礎知識與生活應用。本書屬於通識教育課程的一環，參考教育部部定課綱編寫而成，適合大專院校學生學習化學之用。

　　本書的特色與優點包含以下幾項：

1. 章節編排得宜，循序漸進，方便學習者吸收相關知識。

2. 內容編寫平實平易，不會過分艱深，有利於引發學習動機。

3. 設計習題與隨堂練習，提供充分練習的機會，能提升學習成就。

4. 各章內含學習加油站，提供學習者延伸閱讀的機會。

5. 教材能與生活層面結合，利於學習與應用，擴大化學知識的深度與廣度。

　　本書章節循序漸進，第一章緒論，介紹化學發展史；第二章自然界，介紹水、空氣與土壤；第三章物質的形成及其變化，介紹原子結構；第四章生活中的能源，介紹各式能源與電池；第五章生活中的物質，介紹食品、衣料、材料與藥物；第六章現代產業與化學，介紹現代高科技產業與化學關係；第七章諾貝爾化學獎及現代化學發展，介紹諾貝爾獎設立與貢獻，並論及現代化學發展。這樣的安排由基礎而應用有利於讀者學習到化學的整體概念。

　　希望藉由本書的學習，能使學習者達到以下的目標：

1. 建立化學基本概念的了解與應用。

2. 引導學習化學的興趣。

3. 建立化學基本素養、科學態度並熟悉科學方法。

4. 提升化學學習成就。

5. 增進解決問題、自我學習、推理思考及表達溝通之能力，以適應及面對現代社會急遽變遷的挑戰。

張振華、莊青青　謹識

目錄

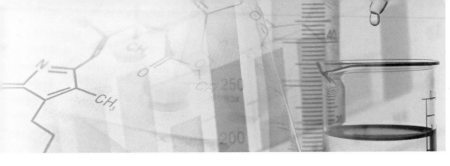

CHEMISTRY
CONTENTS

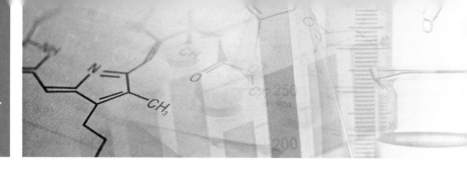

CHEMISTRY
CONTENTS

CHAPTER 7 諾貝爾化學獎及現代化學發展

附錄

學後評量

緒論

1-1　化學緒論

　　化學 (Chemistry) 是一門研究物質與能量的科學。化學研究的對象包括物質之間的相互關係，以及物質和能量之間的關聯。

　　各種物質在不同狀況之下呈現的狀態分別有固態、液態及氣態三種，稱為物質的三態。

1. **固態**：有一定的形狀和體積。
2. **液態**：有一定體積但形狀隨容器改變。
3. **氣態**：沒有一定的形狀也沒有一定的體積。

固態　　　　　　　　　　液態　　　　　　　　　　氣態

圖 1-1　物質的三態

1-2　物質的分類

　　物質分為純物質及混合物兩大類。其中純物質分為元素與化合物兩種，混合物分為均勻混合物與不均勻混合物兩種。

1. **純物質**

　　凡具有一定的組成和性質之物質稱為純物質，純物質有固定的熔點與沸點，可分為元素與化合物兩種。元素是由相同的原子組成，用一般的化學方法不能使之分解，一些常見元素的例子有氫、氧、鐵、金等。化合物是由兩種 (含) 以上的元素以固定的比例化合而成的物質，例如水 H_2O 是由兩個氫原子與一個氧原子組成的化合物，鹽 $NaCl$ 是由一個鈉原子與一個氯原子組成的化合物。

元素的種類有限，目前已發現的元素約有一百多種，但是由元素組成的化合物的數目卻相當多，目前已知有數百萬種。

2. **混合物**

由二種(含)以上的純物質沒有經化學合成而混合成的物質稱為混合物，混合物沒有固定的熔點與沸點，混合物當中的純物質仍保有原來的特性。混合物分為均勻混合物與不均勻混合物兩種，例如鹽水是由鹽與水兩種純物質混合而成的均勻混合物，牛奶這種膠態溶液則是屬於不均勻混合物。

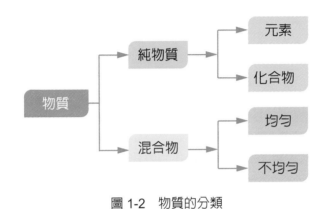

圖 1-2　物質的分類

例 題 1-1

下列何者是元素？
(A) 蘋果醋　(B) 氮氣　(C) 二氧化碳　(D) 粗鹽。

答 (B)

(A) 蘋果醋屬於混合物
(B) 氮氣是由氮元素組成的氣體，屬於元素
(C) 二氧化碳屬於化合物
(D) 粗鹽屬於混合物。

隨堂練習

1-1　下列何者是混合物？

　　(A) 石油　(B) 蒸餾水　(C) 氫氣　(D) 金剛石。

 ## 1-3　物質的變化

　物質的變化分成兩大類：物理變化與化學變化。

1.　**物理變化**

　　物質僅發生相態或形狀的變化，但是本質並未改變，稱為物理變化。例如冰變水，水變水蒸氣，屬於三態變化，僅是分子間距離改變，本質不變。另外像水銀熱脹冷縮，僅是形狀的改變，水銀的本質沒變，所以也屬於物理變化。

2.　**化學變化**

　　因為分子中的原子重新地排列組合，使物質發生變化後產生新的物質，稱為化學變化。例如木炭燃燒後會產生二氧化碳，二氧化碳與原來的木炭本質完全不同，所以木炭燃燒屬於化學變化。另外像鐵生鏽也屬於化學變化，因為鐵鏽與原來的鐵性質與組成不同。

例題 1-2

下列有關物質變化的敘述，何者屬於物理變化？

(A) 生雞蛋煎成荷包蛋

(B) 水電解產生氫氣與氧氣

(C) 冰淇淋還沒吃完就熔化

(D) 植物的光合作用。

答 (C)

(A) 生雞蛋煎成荷包蛋屬於化學變化

(B) 水電解產生氫氣與氧氣屬於化學變化

(C) 冰淇淋熔化屬於物理變化

(D) 光合作用屬於化學變化。

✎ 隨堂練習

1-2 下列有關物質變化的敘述，何者屬於化學變化？

(A) 水銀熱漲冷縮　(B) 水結冰　(C) 鞭炮爆炸　(D) 粉筆折斷。

1-4 化學家與化學發展簡史

遠古時代當人類開始懂得利用火提供光源、禦寒與烹煮食物，造就人類文明的開始，後來人類又發現火可以用來冶煉金屬、燒製陶瓷等，這些都是化學技術在生活上的初步應用。

化學淵源自中國的煉丹術與西方的煉金術，中國方士從事煉丹術目的希望能得到萬靈丹甚至是長生不老仙丹，例如秦始皇曾派方士徐福到海外求長生不死之藥，西方術士則希望藉由煉金術將一般廉價金屬 (如銅) 轉變為昂貴的黃金。雖然煉丹術無法得到長生不老藥，煉金術也無法讓銅變成黃金，但是從事煉丹術和煉金術必須進行實驗操作，因此在實驗過程建立許多實驗規則與方法，成為建立化學這門科學的基礎。

十七世紀文藝復興運動興起也帶動現代化學的發展，科學家如波以耳 (Robert Boyle, 1627 ~ 1691) 主張以理性思考的態度研究化學，揚棄不切實際的煉金術，他在 1661 年出版了《懷疑的化學家》(*The Skeptical Chemist*) 一書，首次確定化學的研究對象、研究方法並提出了科學的元素概念。

 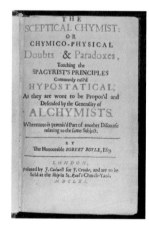

圖 1-3　波以耳與其化學名著《懷疑的化學家》

十八世紀時，科學家認為燃燒過程會失去一種無重量的物質稱為燃素，這種燃燒理論稱為燃素說。拉瓦節 (A.L.Lavoisier, 1743 ~ 1794) 於 1774 年經由實驗證明燃燒是因為物質與氧氣產生的反應，推翻了燃素說，後來進一步提出質量守恆定律 (The Law of Conservation of Mass)，指出化學反應前、後的總質量不變。他並將化學物質依照組成來命名，取代以往用特性的命名方式，例如金屬灰改名叫金屬氧化物。由於拉瓦節對化學貢獻卓著，因此被稱為「化學之父」。

 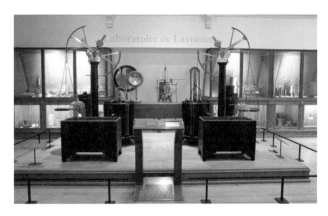

圖 1-4　化學之父拉瓦節與其實驗設備

　　十九世紀初，英國科學家**道耳頓** (John Dalton, 1766 ～ 1844) 提出了原子說。

1.　一切物質都是由稱為原子的微小粒子所組成，原子不能再分割。

2.　相同元素的原子，其質量與大小均相同；不同元素的原子，其質量與大小均不同。

3.　化合物是由不同種類的原子以固定的比例組成。

4.　所謂化學反應，是原子間以新的方式重新結合成另一種物質，在反應的過程中，原子不會改變它的質量或大小，也不會產生新的原子，或使任何一個原子消失。

圖 1-5　道耳頓，英國皇家學會成員，化學家、物理學家，原子說的創立者。

　　以現在科學觀點檢視道耳頓原子說內容還有修正之處，例如原子還可由更小的粒子組成，但是從原子說出發，化學家發展了更多的化學理論，推動化學這門科學大幅向前發展。

英國科學家**湯姆森** (J.J.Thomson, 1856 ～ 1940) 於 1897 年從陰極射線實驗中發現了**電子** (electron)，電子帶負電並且爲組成原子的基本粒子之一，打破道耳頓之原子不能再分割的觀念。湯姆森由此建構出原子的**葡萄乾布丁模型**，認爲電子就像布丁中的葡萄乾，一顆顆存在原子之中。

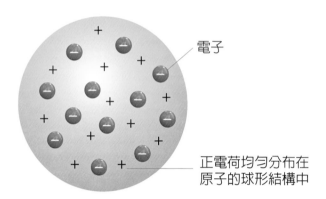

圖 1-6　湯姆森提出原子的「葡萄乾布丁模型」：帶負電的電子分布於帶正電的原子的球體當中，就好像帶葡萄乾分布於布丁裡。

　　紐西蘭科學家**拉塞福** (E.Rutherford, 1871 ～ 1937) 於 1911 年從 α 粒子撞擊金箔的散射實驗中，發現了原子核。並提出原子的**行星模型**，他認爲原子是由帶正電的原子核 (類似太陽)，與環繞此核作旋轉運動並帶負電的電子 (類似行星) 共同組成。1919 年，拉塞福利用 α 粒子撞擊氮原子核實驗中發現了帶正電的**質子** (proton)，並提議在原子核內除了質子以外應該還存在有中性的粒子，稱之爲**中子** (neutron)。

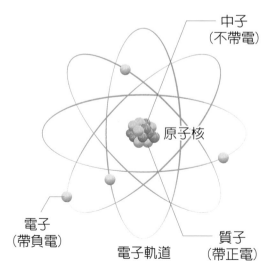

圖 1-7　拉塞福提出原子的「行星模型」：大多數的質量和正電荷都集中於一個很小的區域 (原子核)，帶負電的電子則環繞在原子核的外面，像行星的環繞著太陽進行公轉。

1932 年英國科學家查兌克 (J.Chadwick, 1891 ～ 1974) 從 α 粒子撞擊鈹原子實驗中發現了不帶電的中子。到此發現原子的結構是由原子核與核外電子組成，而原子核則是由質子與中子組成，電子則在原子核外依照某種方式運轉。

例 題 1-3

根據道耳頓原子說的內容，下列哪一項可說明煉金術不可能成功？

(A) 不同元素的原子其質量並不相同

(B) 不同元素的原子其大小並不相同

(C) 化合物是由不同原子以固定比例組成

(D) 化學變化只是原子重新排列組合，並不會產生新的原子。

答 (D)

化學變化只是原子重新排列組合，並不會產生新的原子。因此不可能利用化學變化將銅變成金。

✎ 隨堂練習

1-3 哪種粒子帶正電？

(A) 質子　(B) 電子　(C) 中子　(D) 原子。

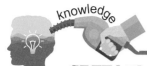

學習加油站－原子說的修正

科學的目的在求真，道耳頓提出原子說實屬劃時代的創舉，也帶動後來的科學發展一日千里，只是以目前得到的科學新知重新審視原子說，有以下修正之處：

(1) 原子說指出原子不能再分割，事實上原子由質子、中子、電子組成，而質子、中子由夸克組成。

(2) 原子說指出相同元素的原子其質量均相同，然而同位素是相同元素但卻質量不同。

(3) 原子說指出在反應的過程中，不會產生新的原子，或使任何一個原子消失。但是在核反應中舊原子會消失並產生新原子。

1-5 化學與生活

化學與生活密不可分，例如生活中隨處可見的塑膠製品是一種高分子聚合物，又如廠商在食品當中添加的各種食品添加劑多數也是化學製品，雖然化學品的使用帶給人類方便，但是錯誤運用化學品導致對人類或環境的破壞也屢見不鮮，例如塑膠製品不易分解所以要資源回收，否則造成生態破壞，像塑膠微粒流入河流與海洋，會被魚、蝦、貝類所食，除了影響這些生物生長以外，當人們食用這些生物會不會反過來危害人類健康也是值得深思問題。

圖 1-8　塑膠微粒累積在幼魚體內

另外像化學農藥改善了作物的生長情況，但是不當使用也可能帶來生態浩劫，例如曾經是最著名的合成農藥「雙對氯苯基三氯乙烷」(Dichloro-Diphenyl-Trichloroethane，DDT)，在控制疫病、殺死害蟲方面顯示了良好的功效，所以廣泛應用於農業、畜牧業、林業及優生保健，後來人們發現 DDT 不易分解，長期累積下來對魚類和鳥類生存繁殖不利，並且有致癌的風險，因此在世界大部分地區已經禁止使用 DDT，只有少數地區因為 DDT 價格低廉有效還繼續使用以對抗瘧疾等疾病。

　　生活中處處可見化學的產品與化學現象的應用，讓我們的生活更加便利。但是當化學相關產業蓬勃發展的時候，所可能引發的汙染、有毒物質的散布與對生態的破壞等問題，都需要人類共同面對與克服。

NOTE

CHAPTER

2

自然界的物質

　　水、大氣及土壤等三項自然界的物質為人類生存所需，以物質的狀態來說，在常溫常壓下，水以液態、大氣以氣態、土壤以固態分別存在於地球。

2-1 水

圖 2-1　從外太空看地球的樣貌

　　從外太空看地球是一個美麗的藍色星球，這是因為地球表面覆蓋著 71% 的水，水是孕育生命的搖籃，地球上第一個生命誕生於 35 億年前的海洋中，科學家尋找外星球是否有生命的條件之一就是有無水的存在，由此可見水對生命的重要性。

2-1-1　水質的淨化、消毒與軟化

　　水約佔人體重量的 70%，人類每天都須適時補充水分，才能維持體內正常的新陳代謝，所以喝到適量且乾淨的水非常重要。自來水廠從溪流取得原水，經過淨化程序得到乾淨的水才能提供飲用。

一、水的淨化

　　自來水廠淨化水的過程如下：

1. **清除懸浮物：**

   (1) **攔汙**：取水口設有攔汙柵，以阻擋垃圾及樹枝等大型汙染物。

   (2) **沉砂**：設沉砂池，用以降低水的流速，使原水中顆粒較大較重的泥砂，進行初步沉降。之後，再將原水輸送至分水井，把經過沉砂處理的原水，送至快混池。

   (3) **快混**：沉降後的水仍存在細小雜質微粒，在快混池中加入凝聚劑例如**明礬**或聚合氯化鋁 (Polyaluminium Chloride，PAC)，促使細小雜質微粒凝結成小顆粒，以便後續膠凝、沉澱與過濾等淨水處理作業。

   (4) **膠凝**：快混後之原水，產生膠羽 (凝聚劑吸附水中懸浮固體) 顆粒，藉由自快逐漸變慢速度之膠凝機攪拌，以膠凝作用使小膠羽逐漸結合成較大且重之膠羽。

(5) **沉澱**：已形成膠羽之原水，經過足夠滯留時間，藉重力之沉降作用，分離原水中較大之膠羽顆粒及懸浮固體。

(6) **過濾**：由無煙煤、濾砂、礫石等按照顆粒大小層層堆成濾床，水中細微顆粒經由濾床砂層阻隔的作用，過濾出清澈的水。

2. **水的消毒與除臭**

在水中加**氯**或**臭氧**，以達消毒、殺菌之作用。在高級淨水設備另會加裝活性碳裝置，活性碳可吸附水中有機物，具有除臭、除色的淨水功能。

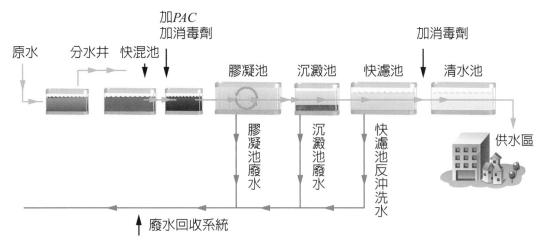

圖 2-2　水的淨化過程

二、硬水

依據礦物質含量多寡可將水分成硬水與軟水，硬水是含有高濃度鈣離子 (Ca^{2+}) 和鎂離子 (Mg^{2+}) 的水，軟水則是不含或者含低濃度鈣離子和鎂離子的水。

硬水可分為暫時硬水與永久硬水：

1. **暫時硬水**

含碳酸氫鈣 $Ca(HCO_3)_2$ 和碳酸氫鎂 $Mg(HCO_3)_2$ 的硬水稱為**暫時硬水**，其中鈣離子和鎂離子會因煮沸而去除。

2. **永久硬水**

含鈣離子和鎂離子之硫酸鹽或氯化物的硬水稱為**永久硬水**，煮沸後無法去除鈣離子和鎂離子。

飲用硬水對健康是否有影響目前尚無定論，但是水的硬度太高會影響口感，喝起來不太可口，而且鈣離子或鎂離子能和肥皂形成非溶解性的鹽類浮渣，附著在衣物上面，降低肥皂的清潔作用。此外硬水煮沸時還會產生鍋垢，延長加熱時間並造成鍋爐的負擔。

三、硬水的軟化

將硬水中的鈣離子與鎂離子除去的過程稱為硬水的軟化，軟化硬水的方法包括煮沸法、熟石灰法、碳酸鈉法、蒸餾法與陽離子交換法。

1. **煮沸法**

   將水煮沸可產生碳酸鈣和碳酸鎂的沉澱，形成鍋垢，本法只適用暫時硬水。

   $$Ca(HCO_3)_{2(aq)} \rightarrow Ca^{2+}_{(aq)} + 2HCO^-_{3(aq)} \xrightarrow{\Delta} CaCO_{3(s)} + CO_{2(g)} + H_2O_{(l)}$$

   $$Mg(HCO_3)_{2(aq)} \rightarrow Mg^{2+}_{(aq)} + 2HCO^-_{3(aq)} \xrightarrow{\Delta} MgCO_{3(s)} + CO_{2(g)} + H_2O_{(l)}$$

2. **熟石灰法**

   將熟石灰 $Ca(OH)_2$ 加入水中可產生碳酸鈣和氫氧化鎂的沉澱，本法只適用暫時硬水。

   $$Ca^{2+}_{(aq)} + CO^{2-}_{3\ (aq)} \rightarrow CaCO_{3(s)}$$

   $$Mg^{2+}_{(aq)} + 2OH^-_{(aq)} \rightarrow Mg(OH)_{2(s)}$$

3. **碳酸鈉法**

   將碳酸鈉 (Na_2CO_3) 加入水中可產生碳酸鈣和碳酸鎂的沉澱，本法適用暫時硬水與永久硬水。

   $$Ca^{2+}_{(aq)} + CO^{2-}_{3\ (aq)} \rightarrow CaCO_{3(s)}$$

   $$Mg^{2+}_{(aq)} + CO^{2-}_{3\ (aq)} \rightarrow MgCO_{3(s)}$$

4. **蒸餾法**

   將水加熱蒸發，收集水蒸氣冷凝後的水，可去除鈣離子與鎂離子，本法適用暫時硬水與永久硬水。

5. **陽離子交換法**

   將硬水通過裝有泡沸石的管柱，硬水中的鈣離子或鎂離子與泡沸石中的鈉離子交換，停留在管柱中，經交換後的水就不含鈣離子或鎂離子，本法適用暫時硬水與永久硬水。

2-1-2 海水

　　全世界海洋面積達 3 億 6 千萬平方公里，海洋充滿了多樣化的生物，而且海水含有豐富礦物質，海水中所溶解的物質幾乎涵蓋所有自然界元素，若能善用海洋資源並且珍惜海洋生態，才能達成永續環境目標。

一、海水中所含的物質含量

　　每一公升海水中含有 35 克的鹽類溶解其中，鹽類當中以氯化鈉佔 77.9% 最多，這是海水會鹹的原因，另外氯化鎂佔 10.6%，這是海水嚐起來會苦的原因。海水的組成元素分析，氧佔 85.7% 最多，其次是氫佔 10.8%，這是因為海水主要由水 H_2O 構成之故，接下來分別是氯佔 1.9%、鈉佔 1.05% 與鎂佔 0.14%，這是因為海水的鹽類以氯化鈉佔最多，其次是氯化鎂。

表 2-1　海水中的主要鹽類含量

鹽類	含量 (克 / 公升)	百分比 (%)
氯化鈉 (NaCl)	28.014	77.91
氯化鎂 ($MgCl_2$)	3.812	10.60
硫酸鎂 ($MgSO_4$)	1.752	4.87
硫酸鈣 ($CaSO_4$)	1.283	3.57
硫酸鉀 (K_2SO_4)	0.816	2.27

二、海水中重要資源的提煉

　　海水中資源最常見的是食鹽，提煉食鹽的方法是將海水引入鹽田，藉由日曬使水分蒸發濃縮而得粗鹽，粗鹽中含微量氯化鎂與氯化鈣，氯化鎂有苦味，氯化鈣易潮解，將粗鹽溶於水，進一步加入碳酸鈉，產生碳酸鎂及碳酸鈣的沉澱，過濾後加熱使水分蒸發即得精鹽。

圖 2-3　鹽田

三、海水的淡化

　　海水淡化是指將海水中的多餘鹽分和礦物質去除得到淡水的過程。海水淡化主要是為了提供飲用水和農業用水，在極度缺乏降水的中東地區以及某些欠缺淡水的海島都普遍使用。

　　海水淡化的方法包括蒸餾法、逆滲透法、離子交換法與凝固法。

1. **蒸餾法**

　　將海水加熱蒸發，使水蒸氣凝結而得淡水。

2. **逆滲透法**

　　將只允許水分子通過的半透膜放入管柱通道，從海水一側施加適當壓力，水分子穿過半透膜而與雜質分離，因而得到淡水。**逆滲透** (Reverse osmosis，RO) 法得到的淡水亦稱為 RO 水。

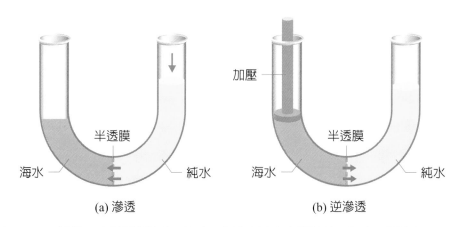

圖 2-4　(a) 滲透：水從低張溶液 (純水) 的地方流向高張溶液 (海水) 的地方
　　　　(b) 逆滲透：加壓使水從高張溶液 (海水) 的地方流向低張溶液 (純水) 的地方

3. **離子交換法**

　　使海水經過陽離子交換樹脂及陰離子交換樹脂，可除去海水中的陽離子及陰離子，而得到淡水。

4. **凝固法**

　　降溫使海水結冰而鹽分會被排除在外，其方法為取出冰使其融化便可得到淡水。

海水淡化的方法不包括下列何者？

(A) 離子交換法　(B) 蒸餾法　(C) 凝固法　(D) 碳酸鈉法。

答 (D)

碳酸鈉法用於硬水軟化，不適用於海水淡化。

✏ 隨堂練習

2-1　關於滲透與逆滲透的相關敘述何者為非？

(A) 逆滲透水稱為 RO 水

(B) 水從低張溶液 (純水) 流向高張溶液 (海水) 稱為滲透

(C) 加壓才能使水從低張溶液 (純水) 流向高張溶液 (海水)

(D) 逆滲透過程中之半透膜只允許水分子通過。

2-1-3　水汙染

水汙染是指水因物質、生物或能量之介入，而變更品質，以致於影響其正常用途或危害人類健康及生活環境。

水汙染種類可分成物理、化學、生物等三方面：

一、物理方面

包括顏色、濁度、溫度與放射性等。

1. **顏色**：廢水排入水體，可使水色變得異常。

2. **濁度**：由膠體或細小懸浮物造成水的濁度上升。

3. **溫度**：若廢水具高溫排入水體，可使水溫上升，甚至引起熱汙染。例如核能發電廠若位於海邊，排出的高溫廢水使得鄰近海域溫度升高，可能導致珊瑚白化與魚類發生畸型(俗稱秘雕魚)。

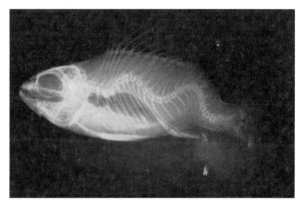

圖 2-5　高溫海水可能導致秘雕魚出現

4. **放射性**：包含放射塵、放射性燃料。

二、化學方面

包括有機化合物與無機化合物兩大類。

1. **有機化合物**

有機化合物泛指碳氫化合物及其衍生物的總稱，水汙染當中常見的有機化合物包括清潔劑及農藥。

圖 2-6　水體優養化

(1) **清潔劑**

大量排入水體後會在表面產生泡沫，阻隔氧氣溶入水中，使得水中溶氧降低，造成水中生物無法生存。

(2) **農藥**

造成水質毒化與酸化，導致水中生物死亡，尤其對魚類和兩棲類的影響最嚴重。另外含氮、磷的清潔劑與農藥還會助長藻類的繁殖，導致水體優養化 (Eutrophication)，使水體溶氧量下降，造成水中生物死亡。

2. **無機化合物**

無機化合物一般指不含碳元素的化合物，但是一些簡單的含碳化合物如一氧化碳、二氧化碳、碳酸、碳酸鹽、氰化物等，由於它們的性質與無機化合物相似，所以一般也歸類在無機化合物。常見的無機化合物汙染水體為重金屬汙染，例如汞、鎘、砷、鉛等。

(1) **汞**

汞俗稱水銀，是重金屬汙染當中毒性最強的元素。汞通過食物鏈在人體累積，會嚴重傷害腎臟、神經系統。無機汞進入水體後可以轉化為毒性更強的甲基汞，導致大腦損傷，引起水俁病。水俁病的名稱由來是日本水俁市曾發生人們食用了被甲基汞汙染的魚造成的疾病。

(2) **鎘**

鎘廣泛應用於電鍍、電池、染料等工業中，鎘中毒引起的疾病稱為痛痛病，這是因為 1950 年發生在日本富山縣的世界最早的鎘中毒事件，導致患者骨骼軟化及腎功能衰竭，病名來自患者由於關節和脊骨極度痛楚而發出的叫喊聲 (日文：「痛い、痛い」)。在台灣也曾發生因為工廠廢水含鎘，直接排入稻田灌溉水道，使鎘被稻米吸收，造成鎘米汙染事件。

(3) 砷

砷是一種非金屬元素，但是砷和重金屬的性質接近，所以一般都合併在重金屬內討論。砷中毒會引發癌症、皮膚病、肝臟疾病與心血管疾病，嘉義、台南沿海地區居民曾發生烏腳病，患者因末梢血管阻塞導致雙足發黑，可能原因即為長期飲用含砷之井水，近年來隨著自來水普及後病患已大幅減少。

(4) 鉛

鉛中毒會影響神經系統及消化系統的運作，嚴重者可致命。水中鉛來源除了人為汙水不當排放以外，另有可能是水管或水龍頭含鉛造成。

常見的水汙染化學性指標包括化學需氧量與生化需氧量兩種：

1. **化學需氧量**

化學需氧量 (Chemical Oxygen Demand，COD) 是以化學方法測量水樣中有機物被氧化時所消耗之氧的相當量，用以表示水中有機物量的多寡。COD 越大代表水體受有機物的汙染越嚴重。

2. **生化需氧量**

生化需氧量 (Biochemical Oxygen Demand，BOD)，是水體中的微生物在特定時間及溫度下將有機物分解過程中所消耗的氧量。用以表示水中微生物可分解的有機物含量，及水體受有機物汙染的程度。BOD 越大代表水體受有機物的汙染越嚴重。

三、生物方面

生物性汙染是指病原體排入水體之後，直接或間接使人感染疾病。生物性汙染物包括細菌、病毒、寄生蟲與其他微生物。生物性汙染衡量指標主要有大腸桿菌類指數、細菌總數等。

2-1-4 水汙染防治

我國於 1974 年開始訂有水汙染防治法，目的為防治水汙染，確保水資源之清潔，以維護生態體系，改善生活環境，增進國民健康。

水汙染防治不僅是靠水汙染防治法的實施，也不僅是政府與企業的責任，更重要的是需要全民體認乾淨水質的重要並從日常生活維護水資源做起，例如民眾能選用對環境友善的洗髮精、沐浴乳與洗衣粉，或者能夠珍惜水資源得來不易而節省水的使用，當全民環保意識與行動並行，水汙染防治才能真正落實。

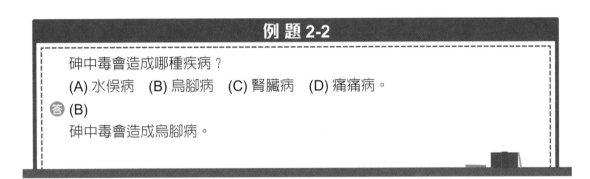

例 題 2-2

砷中毒會造成哪種疾病？

(A) 水俁病　(B) 烏腳病　(C) 腎臟病　(D) 痛痛病。

答 (B)

砷中毒會造成烏腳病。

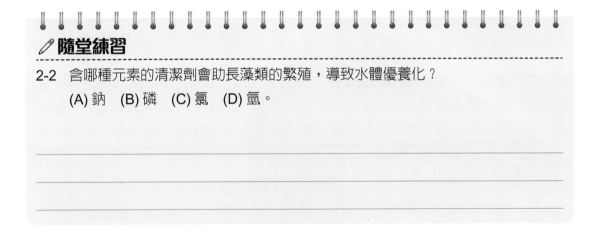

✐ 隨堂練習

2-2　含哪種元素的清潔劑會助長藻類的繁殖，導致水體優養化？

　　(A) 鈉　(B) 磷　(C) 氯　(D) 氫。

學習加油站 － RCA 事件

　　RCA 是美國無線電公司 (Radio Corporation of America) 的簡稱，生產電視機、映像管、錄放影機、音響等產品，1970 年於桃園設廠，後來在 1992 年關廠並出售土地與建物給湯姆笙公司，1994 年遭前環保署長趙少康舉發 RCA 長期挖井傾倒有機溶劑等有毒廢料，導致廠區之土壤及地下水遭受嚴重汙染。當時環保署委託工研院調查 RCA 桃園廠附近地下水質，發現汙染已擴散至廠區外，有部分水井的水質遭受三氯乙烯及四氯乙烯等有機溶劑之汙染，而三氯乙烯及四氯乙烯皆為有毒致癌物。

　　RCA 汙染事件讓 RCA 工廠員工以及當地民眾長期暴露在有毒的環境中，根據 2001 年統計資料，在 RCA 桃園廠工作的員工至少有 1375 人罹患癌症，包括乳癌、子宮頸癌、肝癌、大腸癌、鼻咽癌等各式惡性腫瘤。許多受害員工經由媒體報導才得知，原來自己罹癌與以前同事因癌症過世，皆源於 RCA 桃園廠土地與水源被汙染之故。

　　2018 年最高法院做出三審判決，262 名 RCA 汙染事件受害者獲得約 5 億賠償金，創工殤賠償最高金額，這次汙染事件尚未落幕，因為再多賠償金也買不回健康，而且仍有數百位受害者因程序及因果關係不明確仍進行訴訟中。

　　2022 年最高法院對其餘「尚未有明顯外顯疾病」的 222 人也判定求償有理，庭長認為身體權、健康權為憲法認定的基本保障，以非徵得他人同意的方法，使有害物質進入人體，超過一般人客觀上能忍受程度，就屬於對身體自主權的侵害。

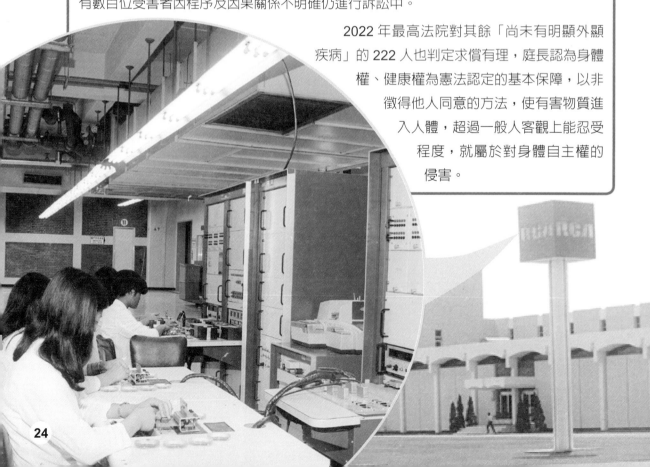

2-2　大氣

　　地球表面因重力關係而圍繞著一層混合氣體稱為**大氣層** (atmosphere)。大氣層沒有確切的上限，在離地表數千公里高空仍有稀薄的氣體，在地下、土壤和岩石中也會有少量氣體，它們也可視同大氣的一部分，地球大氣的主要成分為氮、氧、氬、二氧化碳和其他的微量氣體，這些混合氣體即稱為空氣。

　　大氣層保護地球上生物免於受到隕石威脅，隕石從外太空撞擊地球時，會跟大氣層摩擦產生高熱而在空中消失，形成流星，這也可以解釋地球表面不像月球那般坑坑洞洞。

　　空氣當中氮是含量最多的氣體，約佔空氣總體積的 78%，氮氣性質安定既不可燃也不助燃，在室溫下幾乎不發生任何反應，因此食品加工業者常將氮氣填充在罐頭內，以利食品的保存；氧在空氣中的含量佔第二位，約佔空氣總體積的 21%，植物行光合作用製造氧氣，氧氣供給動植物呼吸，對生物來說非常重要，此外，物質燃燒也需要氧氣。

2-2-1　大氣的分層

　　根據大氣層溫度的垂直分布與變化，可將大氣層分為對流層、平流層、中氣層與增溫層。各層之厚度及分界因時因地而異，並非一成不變。

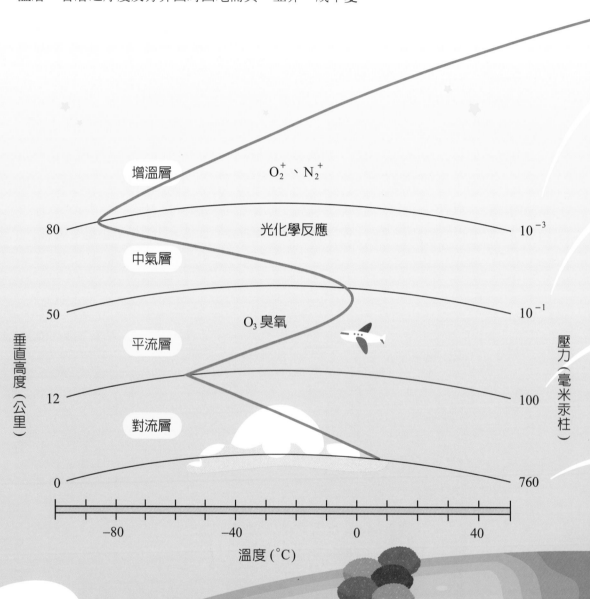

圖 2-7　大氣的溫度分層

1.增溫層(Exosphere)

離地表高度約80~400公里之範圍的大氣稱為增溫層,增溫層氣溫隨高度增高而急遽上升。增溫層的空氣非常稀薄,空氣分子易於電離,因此增溫層又稱電離層,可以反射無線電波達到通信效果。

2.中氣層(Mesosphere)

離地表高度約50~80公里之範圍的大氣稱為中氣層,中氣層氣溫通常隨高度升高而下降,至中氣層頂,溫度可降至零下95℃左右,也是整個大氣層最冷的地方。中氣層氣體成份多數是由光化學作用引起之產物,故中氣層又稱光化層。

3.平流層(Stratosphere)

離地表高度約12~50公里之範圍的大氣稱為平流層,平流層氣溫隨高度之增高而上升。平流層內氣流平穩,適合飛機的長途飛行。另外平流層含有臭氧又稱臭氧層,臭氧能吸收太陽的紫外線,保護人類免於受到紫外線傷害。

4.對流層(Troposphere)

離地表約12公里以下的大氣稱為對流層,對流層內氣溫通常隨高度升高而下降,平均每升高1公里,氣溫約降6.5℃。對流層內空氣對流旺盛,大氣中之水蒸氣多數位於此層,雲、霧、雨、雪等天氣現象都發生在對流層。

2-2-2　氣體的性質、製備及反應

氣體的收集法可分為排水集氣法、向上排氣法與向下排氣法三種。

1. **排水集氣法**

   適用於難溶於水的氣體，如氫、氧、氮等。

2. **向上排氣法**

   適用於易溶於水，密度比空氣大的氣體，如氯。

3. **向下排氣法**

   適用於易溶水，密度比空氣小的氣體，如氨。

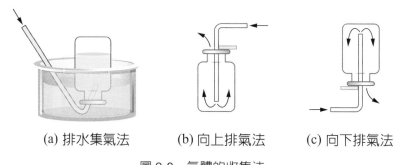

(a) 排水集氣法　　(b) 向上排氣法　　(c) 向下排氣法

圖 2-8　氣體的收集法

一、氣體的性質

各種氣體的物理與化學性質差異甚大，因此備製方法也不一樣，以下將討論氧氣、氫氣、氮氣與氨氣等四種氣體的性質、製備及反應。

1. **氧氣**

   (1) **性質**：氧氣無色無味，具助燃性，難溶於水，適合用排水集氣法收集。

   (2) **製備及反應**：氧氣的備製有四種常見方法。

   ①雙氧水在常溫下以二氧化錳為催化劑，可分解成氧與水。

   $$2H_2O_2 \xrightarrow{MnO_2} 2H_2O + O_2$$

   ②氯酸鉀與催化劑二氧化錳進行混合加熱，可以釋放出氧氣與氯化鉀。

   $$2KClO_3 \xrightarrow[\Delta]{MnO_2} 3O_2 + 2KCl$$

③電解水時，水中的氫離子 H^+ 移向負極，產生氫氣；水中的氫氧離子 OH^- 移向正極，產生氧氣。

$$2H_2O \xrightarrow{\text{電解}} 2H_2 + O_2$$
$$\text{(負極)(正極)}$$

④將空氣在低溫加壓液化成液態空氣，利用氮氣與氧氣的沸點不同，以分餾法分離。即將液態空氣緩緩升溫，由於氮的沸點($-195.8℃$)較氧低($-182.96℃$)，因而氮先達到沸點開始沸騰成為氣體，留下來得即為液態氧

2. **氫氣**

(1) **性質**：氫氣是最輕的氣體，無色無味，易燃，難溶於水，適合用排水集氣法收集。

(2) **製備及反應**：氫氣的備製有三種常見方法。

①電解水時，水中的氫離子 H^+ 移向負極，產生氫氣；水中的氫氧離子 OH^- 移向正極，產生氧氣。

②將活性大的金屬(如鋅)加入酸會產生氫氣。

$$Zn + 2H^+ \rightarrow Zn^{2+} + H_2$$

③工業上，一般是在高溫下讓水蒸汽和甲烷反應，產生一氧化碳和氫氣。

3. **氮氣**

(1) **性質**：氮氣無色無味，不可燃亦不助燃，在室溫下幾乎不發生任何反應，難溶於水，適合用排水集氣法收集。

(2) **製備及反應**：氮氣的備製有四種常見方法。

①亞硝酸鈉與氯化銨共熱

$$NaNO_2 + NH_4Cl \rightarrow N_2 + NaCl + 2H_2O$$

②讓氨氣通過灼熱的氧化銅

$$2NH_3 + 3CuO \rightarrow 3Cu + 3H_2O + N_2$$

③由空氣製取

將純淨空氣通過灼熱的銅粉(或銅絲網)除去氧氣，剩餘氣體即為氮氣。

④將空氣在低溫加壓液化成液態空氣，利用氮氣與氧氣的沸點不同，以分餾法分離，此法為工業上備製氮氣的普遍方法。

4. **氨氣**

(1) **性質**：氨氣是無色氣體，有強烈的刺激氣味，極易溶於水，密度比空氣小，適合用向下排氣法收集。

(2) **製備及反應**：

工業上多使用哈柏法製氨，在高溫高壓下以鐵粉做為催化劑將氮氣與氫氣反應得氨。

$$N_2 + 3H_2 \rightleftharpoons 2NH_3$$

2-2-3　空氣汙染及其防治

隨著工業革命的躍進，人類大量使用煤、石油與天燃氣等化石燃料當作主要能源，加上森林等自然資源被過度濫墾，伴隨而來的是空氣汙染日益嚴重。另外由於化石燃料燃燒後產生二氧化碳，二氧化碳是溫室氣體會吸收紅外線，減少地球表面的熱能散逸至太空中，形成所謂的**溫室效應** (Greenhouse effect)，正常的溫室效應使得地球均溫維持在 15℃，然而當下過多的溫室氣體導致地球均溫高於 15℃，形成地球過度暖化，引發海平面上升等問題，因此聯合國制定了氣候變遷綱要公約，控制各國溫室氣體的排放量，防止地球的溫度上升，避免進一步影響生態和環境。

一、常見空氣汙染物

1. **硫氧化物** (SO_x)：通常是**二氧化硫** (SO_2)，為一具刺激臭味之無色氣體，二氧化硫由火山噴發與燃料中含硫成份燃燒產生，於空氣中可進一步氧化成亞硫酸，為引起酸雨的主要物質之一。

2. **氮氧化物** (NO_x)：燃燒過程生成之氮氧化物以**一氧化氮** (NO) 為主要成份，光化學反應中可繼續反應成**二氧化氮** (NO_2)，二氧化氮是一種具刺激味道之棕紅色氣體，在空氣中可氧化成硝酸，亦是造成酸雨原因之一。

3. **一氧化碳** (CO)：主要來自不完全燃燒產生，是一種無色、無味、無刺激的有毒氣體。由於一氧化碳對血紅素的親和力比氧氣大，造成人體血液氧氣過低而中毒。

4. **臭氧** (O_3)：係由工業、汽車所排放的廢氣當中的氮氧化物與碳氫化合物經過日光照射後產生之二次汙染物。具強氧化力，可用來殺菌，但對人類呼吸系統具刺激性，能引起咳嗽、氣喘、頭痛、疲倦及肺部之傷害。

5. **懸浮微粒 (PM$_{10}$)**：係指粒徑小於或等於 10 微米以下之粒狀空氣汙染物，又稱浮游塵。主要來源包括道路揚塵、車輛排放廢氣、露天燃燒、營建施工及農地耕作等，由於 PM$_{10}$ 很小被吸入人體後容易造成呼吸系統之傷害。

6. **細懸浮微粒 (PM$_{2.5}$)**：係指粒徑小於或等於 2.5 微米的粒狀空氣汙染物，這樣大小還不到頭髮粗細的 1/28，由於 PM$_{2.5}$ 比 PM$_{10}$ 更小，能夠在大氣中停留更長時間，因此更容易深入人體肺部，對人體健康傷害更大。

　　空氣品質指標為依據監測資料將當日空氣中臭氧 (O$_3$)、細懸浮微粒 (PM$_{2.5}$)、懸浮微粒 (PM$_{10}$)、一氧化碳 (CO)、二氧化硫 (SO$_2$) 及二氧化氮 (NO$_2$) 濃度等數值，以其對人體健康的影響程度，分別換算出不同汙染物之副指標值，再以當日各副指標之最大值為該測站當日之空氣品質指標值 (AQI)。

表 2-2　空氣品質指標

空氣品質指標 (AQI)							
(AQI) 指標	O$_3$(ppm) 8 小時平均值	O$_3$(ppm) 小時平均值	PM$_{2.5}$(pg/m^3) 24 小時平均值	PM$_{1.0}$(μg/m^3) 24 小時平均值	CO(ppm) 8 小時平均值	SO$_2$(ppb) 小時平均值	NO$_2$(ppb) 小時平均值
良好 0～50	0.111-0.054	–	0.0-15.4	0-54	0-4.4	0-35	0-53
普通 51～100	0.055-0.070	–	15.5-35.4	55-125	4.5-9.4	36-75	54-100
對敏感族群 不健康 101～150	0.071-0.055	0.125-0.164	35.5-5404	126-254	9.5-12.4	76-185	101-360
對所有族群 不健康 151～200	0.056-0.105	0.165-0.204	54.5-150.4	255-354	12.5-15.4	186-304	361-649
非常不健康 201～300	0.106-0.200	0.205-0.404	150.5-250.4	355-424	15.5-30.4	305-604	650-1249
危害 301～400		0.405-0.504	250.5-350.4	425-504	30.5-40.4	605-804	1250-1649
危害 401～500		0.505-0.604	35.5-500.4	505-604	40.5-50.4	805-1004	1650-2049

　　另外像氟氯碳化物 (CFCs) 也被視為空氣汙染物，氟氯碳化物曾被用於冰箱、冷氣、噴霧劑的冷媒，後來發現氟氯碳化物分解後會產生氯氣，並對臭氧層造成破壞。臭氧層本來有阻隔紫外線的作用，當臭氧層受到破壞，使得有害的紫外線到達地球表面。能導致皮膚癌、白內障等疾病出現，所以氟氯碳化物目前已被禁止使用。

二、空氣汙染的防治

鑑於工業發展所帶來空氣汙染，我國早在 1975 年發布空氣汙染法，目的在防制空氣汙染，維護生活環境及國民健康，以提高生活品質。法規中明訂主管機關應視土地用途對於空氣品質之需求或空氣品質狀況劃定各級防制區，並訂定空氣汙染防制方案與汙染事業體的罰則。

空氣汙染防治除了政府的立法與執行以外，尚須全民一起配合防治，例如不抽菸以減少菸害，多種樹可淨化空氣，近途多用步行或騎腳踏車以減少車輛廢氣排放，這些都是民眾可以做到的防治空氣汙染的行動。

例 題 2-3

哪種氣體適合用向上排氣法收集？
(A) 氫氣　(B) 氮氣　(C) 氧氣　(D) 氯氣。

答 (D)

氯氣，易溶於水，比空氣重，適合用向上排氣法收集。

✏ 隨堂練習

2-3 臭氧層位在哪一個大氣分層中？
(A) 對流層　(B) 平流層　(C) 中氣層　(D) 增溫層。

學習加油站 — 臭氧層的破壞與復原

　　1985 年科學家發現南極上空的臭氧層出現巨大的洞口，臭氧洞其實並不是真正有個「洞」，而只是表示臭氧含量非常稀少的區域。由於臭氧消失會令更多紫外線輻射到達地球表面，對人體健康有害，聯合國於 1987 年邀請了 26 個會員國在加拿大蒙特婁簽署《蒙特婁議定書》，凍結各國生產氟氯碳化物並逐步停止使用，保護臭氧層，自 1989 年 1 月 1 日生效。而美國國家航空暨太空總署 (NASA) 於 2018 年根據人造衛星從太空觀測的影像，發現臭氧層開始復原的跡象，應是當年的《蒙特婁議定書》發揮了作用。

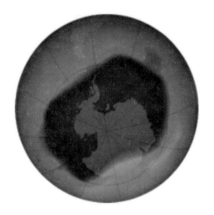

圖 2-9　臭氧層破洞 (顏色越偏紫表示該區域臭氧含量越少)

2-3　土壤

　　土壤主要的功能是提供植物生長的環境，土壤的物理性質如通氣、排水、黏性等，化學性質如酸鹼度、有機物含量等，生物性質如土壤中的微生物種類與數量等，這些性質讓植物的根立足於土壤，並供給植物所需的水分、養份及氧氣。

2-3-1　土壤的成分

　　土壤是岩石風化所形成，為礦物質、有機物、空氣與水的混合物。礦物質的主要成分為矽酸鹽，並含有鋁、鐵、鈣、鈉、鉀、鎂等的化合物。有機物則為生物代謝或腐爛的產物。

　　土壤依垂直位置，由上而下可區分爲表土、心土與底層三個部分，有些土壤分層明顯，有些則分層不明顯。

1. **表土**：爲土壤最上層，富含有機質，爲植物賴以生長的主要部分。

2. **心土**：心土層富含黏土及氧化鐵、氧化鋁等礦物質，質地較表土緊密，有機質較少。

3. **底層**：底層主要由半風化的碎岩所構成。

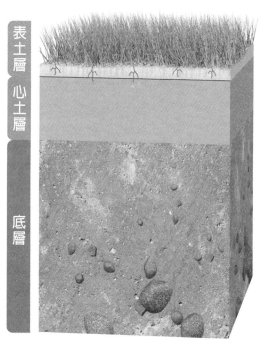

圖 2-10　土壤由上而下可區分爲表土、心土與底層三個部分

2-3-2　土壤汙染及其防治

　　土壤汙染是指由於人類活動導致土壤變更品質，影響其正常用途或危害人類健康與生活環境。土壤汙染的來源包括廢水排放、廢棄物棄置、廢氣排放、農牧業廢汙等。

1. **廢水排放**：廢水中的有害物質若未經處理任意排放，除了汙染水體也會汙染土壤。

2. **廢棄物棄置**：廢棄物與垃圾隨意棄置造成土壤汙染，例如電池可能含有汞、鉛、鎘、鎳等重金屬，若將電池任意丟棄，就會造成重金屬汙染。

3. **廢氣排放**：工廠與車輛的廢氣排放亦可能造成土壤汙染，例如環保機關曾調查中山高速公路兩旁土壤的鉛含量，結果發現鉛含量與高速公路的交通流量成正比關係，同時也發現離高速公路越近土壤的鉛含量就越大。

4. **農牧業的廢汙**：以往農牧業經營規模較小，農牧業之廢棄物常以堆肥方式處理，可以增加土壤中之有機物及養份，對土壤有益。近年農牧業採大規模經營，大量農牧業廢汙造成土壤不堪負荷而受到汙染。例如大規模的養豬廠是目前土壤汙染的重要原因之一，因爲豬糞尿中含有高濃度的氮與鹽分，使得土壤含氮量與鹽分過高，反而不利農作物生長。

土壤汙染防治可從汙染源進行追蹤與管制，例如廢水排放須有一定的放流標準，廢棄物不可任意棄置，且要遵循環保 4R 原則：

1. **減少使用 (Reduce)**

   減少使用或減少購買不必要的東西，就可大量減少廢棄物。例如影印時使用雙面列印就可減少紙張的使用量。

2. **重複使用 (Reuse)**

   物品要盡可能重複使用，廢棄物自然減少。例如自帶環保杯重複使用，就可減少一次性紙杯的量。

3. **循環再用 (Recycle)**

   回收廢棄物，再造成有用產品。例如回收寶特瓶再製成衣服；將玻璃砂混在柏油路面，讓馬路閃閃發光，提醒用路人注意交通安全。

4. **替代使用 (Replace)**

   採用較環保的物品，例如以手巾取代紙巾；選用天然清潔劑取代化學合成清潔劑等。

例題 2-4

哪一個土壤分層富含黏土及氧化鐵、氧化鋁等礦物質？

(A) 表土　(B) 心土　(C) 底層。

答 (B)

心土富含黏土及氧化鐵、氧化鋁等礦物質。

✏ 隨堂練習

2-4 不重複購買已有的裝飾性商品，這樣的行為屬於環保 4R 當中的哪一項？

(A) 減少使用　(B) 重複使用　(C) 循環再用　(D) 替代使用。

NOTE

化學反應

在兩千多年前的中國春秋戰國時期，學術已經很發達。古人已經開始在思考物質基本組成的問題。《莊子·天下篇》中寫道：「一尺之棰，日取其半，萬世不竭」意思是說，要是有一根一尺長的木棍，如果每天截取它的一半，永遠也取不完……。同時期在西元前 400 年左右，古希臘學者德謨克利特已提出物質構成的原子學說，認為原子是最小的、不可分割的物質粒子。直到十八世紀才由英國科學家道耳頓推論出原子的存在，其後的科學家更發現原子並不是最小的粒子，原子中有電子、質子、中子，甚至更小的粒子存在。原子 (atom) 指化學反應中不可再分割的基本微粒，原子由位在中心且體積極小的一個帶正電的原子核，與核外環繞此原子核因受原子核的正電吸引而旋轉運動的帶負電的電子組成。帶負電的電子受原子核正電的吸引力，環繞著原子核作快速地運動，因此原子大部分是空心的。假想原子核如放在棒球場中心的一個十元硬幣，那麼電子在原子核外運動的範圍大約是整個棒球場。

3-1　元素與原子

元素週期表從最初 1869 年的版本增加近兩倍至 118 個元素，也填滿了完整排列的 7 個週期，但未來還會不會有新的元素加入、最終又會增加到幾個元素，期盼著未來科學家們的新發現。化學反應常伴隨著可觀察的變化，例如顏色改變、氣體產生、體積變化或是熱量的產生，也許有些變化不容易察覺，但是可以肯定的是反應物本身一定發生了某種程度的改變，而微觀世界中原子的重新排列組合，是造成巨觀性質改變的主要原因。

3-1-1　原子序

1869 年，俄國物理化學家門得列夫，相信元素之間有規律性，製作出以原子量大小順序將元素排列的原始版本週期表。1913 年，英國科學家莫斯利利用電子撞擊不同的金屬靶所產生的 X- 射線，並由 X- 射線光譜建立了原子序的概念。而現今的週期表是由莫斯利根據元素的原子序由小到大排列而成。

原子序是由原子中的質子數來決定，原子電中性時核外電子數會等於質子數，因此原子序等於質子數等於核外電子數。

原子序：原子核之正電荷數目

電中性原子：原子序＝質子數＝核外電子數

原子核之表示

$${}^{A}_{Z}\mathbf{M}$$ M：元素符號，Z：原子序，A：質量數

質量數 = 中子數 + 質子數

3-1-2 同位素

湯姆森利用質譜儀測量各元素的原子質量數，發現了同位素。

1. 原子序相同而質量數不同的原子，亦即原子核中質子數相同而中子數不同的原子稱為同位素，如 ${}^{1}_{1}H$、${}^{2}_{1}H$ (D)、${}^{3}_{1}H$ (T)。

   相同點：原子序、質子數、核電荷數、中性電子數、化學性質

   相異點：質量數、質量、中子數、核反應性、物理性質

2. 自然界的元素多數有同位素 (表 3-1)

表 3-1　自然界的元素的同位素

	符號	原子序	質子數	中子數	質量 (amu)	自然界含量 (%)
氫	${}^{1}_{1}H$	1	1	0	1.0078	99.985
	${}^{2}_{1}D$	1	1	1	2.0141	0.015
	${}^{3}_{1}T$	1	1	2	3.01615	-
硼	${}^{10}_{5}B$	5	5	5	10.0129	19.6
	${}^{11}_{5}B$	5	5	6	11.0093	80.4
碳	${}^{12}_{6}C$	6	6	6	12.0000	98.89
	${}^{13}_{6}C$	6	6	7	13.0033	1.11
	${}^{14}_{6}C$	6	6	8	14.0032	-
氮	${}^{14}_{7}N$	7	7	7	14.0031	99.63
	${}^{15}_{7}N$	7	7	8	15.0001	0.37

	符號	原子序	質子數	中子數	質量 (amu)	自然界含量 (%)
氧	$^{16}_{8}O$	8	8	8	15.9949	99.759
	$^{17}_{8}O$	8	8	9	16.9991	0.037
	$^{18}_{8}O$	8	8	10	17.9992	0.204
氟	$^{19}_{9}F$	9	9	10	18.9984	100
氖	$^{20}_{10}Ne$	10	10	10	19.9924	90.92
	$^{21}_{10}Ne$	10	10	11	20.9940	0.257

例 題 3-1

氫有三種同位素 $^{1}_{1}H$、$^{2}_{1}H$ (D)、$^{3}_{1}H$ (T)，其質量數、原子序、質子數、中子數、電子數，分別是多少？

答

符號	質量數	原子序	質子數	中子數	電子數
$^{1}_{1}H$	1	1	1	0	1
$^{2}_{1}H$ (D)	2	1	1	1	1
$^{3}_{1}H$ (T)	3	1	1	2	1

✎ 隨堂練習

3-1　$^{35}_{8}Cl^{-}$ 的質量數、原子序、質子數、中子數、電子數分別是多少？

3-1-3　原子中的電子

英國物理學家湯姆森於 1897 年經由陰極射線管實驗『發現』了電子，電子本身帶負電，是電荷的最小單位，並測定了電子的電荷對質量的比值為 1.76×10^8 庫倫／公克。

之後，美國科學家密立坎 (R. Millikan, 1868 ～ 1953) 於 1909 年，由油滴實驗中測得並歸納出油滴上所帶的電量均為 -1.602×10^{-19} 庫侖之正整數倍。因此確定了電子的電量為 -1.602×10^{-19} 庫侖。配合湯姆森求得的電子之荷質比，可以推算出電子的質量 9.11×10^{-31} 公斤。

電子在原子核外快速運動，無法精確測出其真正的所在位置，但能預測電子出現機率最大的區域之為**軌域**。電子在核外是以原子核為中心，由內向外分成數層能階，愈靠近原子核能量愈低，離原子核愈遠其能量愈高。我們把電子分布假想成在以原子核為中心的同心球上，從內向外分別為 n = 1、n = 2、n = 3、n = 4……等殼層 (或稱 K 殼層、L 殼層、M 殼層、N 殼層)(圖 3-1)。

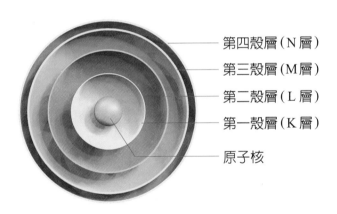

圖 3-1　電子殼層示意圖

電子在每一層所能容納的電子個數不一，但最多可以容納 $2n^2$ 個電子。電子會由能量最低、最靠近原子核的第一層軌域開始填起，待填滿後，再往外向較高能量的軌域填下去。也就是第一層殼層 (n = 1) 可容納 2 個電子，第二層殼層 (n = 2) 可容納 8 個電子，第三層殼層 (n = 3) 雖然可容納 18 個電子，但原子序 20 之前及原子序 20 的元素在填入 8 個電子時最為穩定 (表 3-2)。

表 3-2　電子殼層可容納電子個數

殼層	第一層	第二層	第三層	第四層
n 值	1	2	3	4
可容納電子個數 (2n^2 個電子)	$2 \times 1^2 = 2$	$2 \times 2^2 = 8$	$2 \times 3^2 = 18$	$2 \times 4^2 = 32$

表 3-3　元素原子序 1-20 的電子排列

原子序	元素名稱	元素符號	第一層	第二層	第三層	第四層
1	氫	H	1			
2	氦	He	2			
3	鋰	Li	2	1		
4	鈹	Be	2	2		
5	硼	B	2	3		
6	碳	C	2	4		
7	氮	N	2	5		
8	氧	O	2	6		
9	氟	F	2	7		
10	氖	Ne	2	8		
11	鈉	Na	2	8	1	
12	鎂	Mg	2	8	2	
13	鋁	Al	2	8	3	
14	矽	Si	2	8	4	
15	磷	P	2	8	5	
16	硫	S	2	8	6	
17	氯	Cl	2	8	7	
18	氬	Ar	2	8	8	
19	鉀	K	2	8	8	1
20	鈣	Ca	2	8	8	2

例如：鋁 (Al) 原子有 13 個電子，第一層有 2 個電子，第二層有 8 個電子，第三層則有 3 個電子 (圖 3-2)。

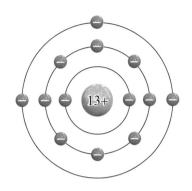

圖 3-2　鋁 (Al) 電子排列

距離原子核最遠填有電子的殼層稱為價殼層，而在價殼層上的電子稱為價電子，元素所具有的化學性質，是由價電子來決定的。價電子數與族數相等 (He 例外)，例如 IA 族的價電子數為 1 個，IIA 族的價電子數為 2 個⋯⋯8A 族的價電子數為 8 個，價殼層上的電子為 8 個時，其化學性質最為穩定，所以元素傾向令價殼層含有 8 個電子，稱為八隅體學說。此種排列法為惰性氣體 (8A 族) 的電子組態，8A 族除了氦 (He) 以外，其餘的元素價殼層上的電子均為 8 個。原子的價電子以「•」表示於元素符號四周，如表 3-4。

表 3-4　元素的電子點式 (路易士符號)

H ·							He :
Li ·	· Be ·	· B ·	· C ·	· N ·	: O ·	: F ·	: Ne :
Na ·	· Mg ·	· Al ·	· Si ·	· P ·	: S ·	: Cl ·	: Ar :

3-1-4　化學鍵

化學鍵是指原子之間相互吸引的作用力，目的是爲了維持能量的穩定性。化學鍵依鍵結電子的方式及性質可以分爲**離子鍵** (ionic bond)、**共價鍵** (covalent bond) 及**金屬鍵** (metallic bond)(表 3-5)。

表 3-5　三種化學鍵的性質

	離子鍵	共價鍵	金屬鍵
性質	金屬 + 非金屬	非金屬 + 非金屬	金屬 + 金屬
例子	$NaCl$、$MgCl_2$、Al_2O_3	CH_4、HCl、H_2O	Au、Cu、Fe

1. **離子鍵**

金屬元素與非金屬元素反應時，爲形成穩定的八隅體電子結構而轉移電子，金屬元素容易失去電子形成陽離子，非金屬元素容易獲得電子形成陰離子，它們之間以庫侖引力產生鍵結，稱爲離子鍵。

例如鹼金屬中的鈉和鹵素中的氯以離子鍵結合形成氯化鈉晶體 (圖 3-3)。

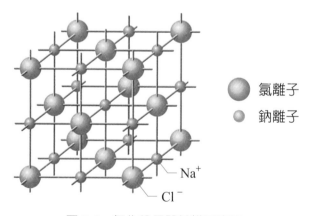

氯離子
鈉離子

Na^+
Cl^-

圖 3-3　氯化鈉晶體結構示意圖

在氯化鈉形成的過程中，鈉原子和氯原子相互靠近而發生電子轉移，氯原子從鈉原子獲得 1 個價電子成為帶負電荷的氯離子 (Cl^-)，鈉原子則失去 1 個價電子而成為帶正電荷的鈉離子 (Na^+)(圖 3-4)。

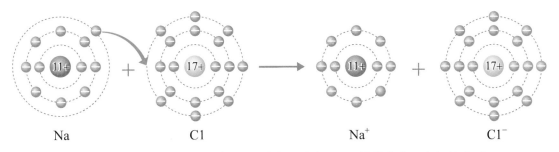

Na　　　　　　Cl　　　　　　Na^+　　　　　　Cl^-

圖 3-4　鈉原子轉移一個電子給氯原子形成 Na^+ 與 Cl^-，並藉由庫侖力相結合成 NaCl

2. **共價鍵**

當兩非金屬元素想要獲得電子時，可藉由共用價電子而形成符合八隅體的電子組態，此時電子對受到兩帶正電的原子核吸引，而使兩原子結合在一起，此種以共用電子所形成的化學鍵，稱為共價鍵。共價鍵可以依其共用電子對數目，分為單鍵 (–)、雙鍵 (=) 及參鍵 (≡)。例如：H–H、O = O、N ≡ N。

以甲烷 (CH_4) 分子為例，它是由 1 個碳原子和 4 個氫原子組成 (圖 3-5)。

C與H以
共價鍵鍵結

圖 3-5　甲烷分子結構

甲烷分子中，碳原子的每個價電子均可和 1 個氫原子的價電子鍵結，共產生 4 組共用電子對 (圖 3-6)。

碳原子　　氫原子　　　甲烷分子

圖 3-6　甲烷電子點式

3. **金屬鍵**

金屬原子的價電子易游離而形成陽離子，且金屬原子的空價軌域數多，故能接受鄰近原子的價電子。金屬原子易形成陽離子，而各原子所釋出的價電子不再專屬於個別或特定的原子，可視為游走在所有金屬原子之間的**自由電子** (free electrons) 或非定域化的電子 (delocalized electrons)。自由電子能移動於所有陽離子之間，就像陽離子沉浸在價電子所形成的海中。陽離子與價電子形成的「電子海」之間的吸引力，稱為金屬鍵。例如銀 (Ag)、銅 (Cu)、鐵 (Fe)(圖 3-7)。

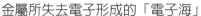

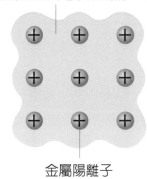

圖 3-7　金屬陽離子與電子海形成金屬鍵

金屬固體的性質：

有金屬光澤，大部分為銀白 (灰) 色，但是金為金黃色，銅為紅棕色。因為自由電子的移動，固態與液態皆能導電，是電和熱的良導體，導電性最好的是銀 (Ag)，其次為銅 (Cu)。當金屬受外力作用時，電子海中的電子仍包圍著金屬陽離子，並未破壞金屬鍵，如圖 3-8。所以金屬有延性及展性，其中又以金的展性最好，而鉑的延性最佳。

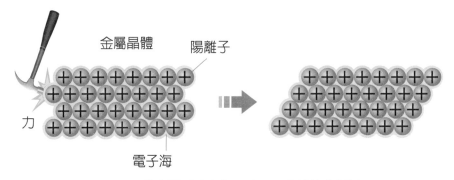

圖 3-8　當金屬受外力作用時，不會破壞金屬鍵

3-2 化學反應式及化學計量

3-2-1 化學式

化學式是指用元素符號及數字來表示純物質的式子。化學式可以分為 4 種，分別為實驗式、分子式、結構式、示性式。

表 3-6 以乙酸為例說明

實驗式	分子式	結構式	示性式
表示物質所含原子的種類和原子數的最簡單整數比	表示組成一個分子的原子的種類及實際的原子數目	表示分子內原子的種類、數目及原子與原子間排列結合的情形	表示分子中所含原子種類、數目及某種特殊的官能基，而簡示其特性的化學式
CH_2O	$C_2H_4O_2$	$\begin{matrix} H & & O \\ | & & \nearrow \\ H-C-C & \\ | & \searrow \\ H & O-H \end{matrix}$	CH_3COOH

分別敘述如下：

1. **實驗式** (簡式)

   實驗式表示分子中各元素的原子種類及原子個數的最簡單整數比關係式。例如：葡萄糖 (CH_2O)。

2. **分子式**

   分子式表示組成物質的原子種類及數目的化學式。例如：葡萄糖 ($C_6H_{12}O_6$)、氧氣 (O_2)、二氧化碳 (CO_2)。

3. **結構式**

   結構式是用來表示組成物質的原子種類、數目以及排列情形的化學式。結構式中的短線代表化學鍵。

   分子式相同，結構式不同稱之為同分異構物，例如：分子式均為 C_2H_6O，但甲醚示性式為 CH_3OCH_3，乙醇示性式為 C_2H_5OH(表 3-7)。

表 3-7　甲醚及乙醇為同分異構物

甲醚	乙醇
$$H-\overset{\displaystyle H}{\underset{\displaystyle H}{C}}-O-\overset{\displaystyle H}{\underset{\displaystyle H}{C}}-H$$	$$H-\overset{\displaystyle H}{\underset{\displaystyle H}{C}}-\overset{\displaystyle H}{\underset{\displaystyle H}{C}}-O-H$$

4. **示性式**

示性式為簡化後的結構式，用來表示分子間含有何種**官能基**並表明物質的化學特性，官能基是可以決定有機化合物分子特性的原子團，例如含有 –OH 基，我們就知道是醇類；含有 –COOH 基，我們就知道是羧酸類。

例 題 3-2

請寫出乙醇及醋酸的實驗式、分子式、結構式、示性式。

答

化學式種類	原子種類及數目的表示方式	乙醇	醋酸
實驗式	原子種類及最簡整數比	C_2H_6O	CH_2O
分子式	原子種類及確實數目	C_2H_6O	$C_2H_4O_2$
結構式	原子種類、確實數目及排列情形	$$H-\overset{\displaystyle H}{\underset{\displaystyle H}{C}}-\overset{\displaystyle H}{\underset{\displaystyle H}{C}}-O-H$$	$$H-\overset{\displaystyle H}{\underset{\displaystyle H}{C}}-C\overset{\displaystyle O}{\underset{\displaystyle O-H}{\diagup\diagdown}}$$
示性式	原子種類、確實數目及官能基	C_2H_5OH	CH_3COOH

✏️ 隨堂練習

3-2　下列何者為同分異構物？

(A)CH₃OCH₃(甲醚)、C₂H₅OH(乙醇)　(B)C₂H₅OH(乙醇)、CH₃COOH(醋酸)

(C)CO、CO₂　　　　　　　　　　　(D)H₂O、H₂O₂

表 3-8　常見的官能基

分類	示性式	結構式	官能基的結構	簡單例子
醇類	ROH	R–O–H	–OH 稱羥(ㄑㄧㄤˊ)基	CH₂OH
醚類	ROR′	R–O–R′	C–O–C 稱醚(ㄇㄧˊ)基	CH₃OCH₃
醛類	RCHO	R–C(=O)–H	–CHO 稱醛(ㄑㄩㄢˊ)基	CH₃CHO
酮類	RCOR′	R–C(=O)–R′	C–C(=O)–C 稱酮(ㄊㄨㄥˊ)基	CH₃COCH₃
羧酸類	RCOOH	R–C(=O)–O–H	–COOH 稱羧(ㄙㄨㄛ)基	CH₃COOH
酯類	RCOOR′	R–C(=O)–O–R′	–C(=O)–O–C 稱酯(ㄓˇ)基	HCOOCH₃
胺類	RNH₂	R–N(H)–H	–NH₂ 稱胺(ㄢ)基	CH₃NH₂
醯胺	RCONH₂	R–C(=O)–NH₂	–C(=O)(O,H)–N– 稱醯(ㄒㄧ)基	CH₃CONH₂

學習加油站

1. 化學式寫法

   (1) 化合物由兩種元素形成時，金屬元素的符號寫在前面，非金屬元素的符號寫在後面，例如：氯化鈉 (NaCl)、碘化鉀 (KI)。

   (2) 氧化合物中的氧元素寫在後面，例如：二氧化碳 (CO_2)、氧化鈉 (Na_2O)。

   (3) 比較複雜的化合物，如有機化合物，則按 C、H、O 的順序書寫，例如：甲烷 (CH_4)、葡萄糖 ($C_6H_{12}O_6$)。

   (4) 化合物中元素的原子價數總和為零，因為電子帶負電，因此失去 1 個電子，用 +1 表示，得到一個電子，用 −1 表示，正、負離子結合時，正離子的總電量 = 負離子的總電量，

   例如：$Na^+ + Cl^- \rightarrow NaCl$ (氯化鈉)、$2H^+ + SO_4^{2-} \rightarrow H_2SO_4$ (硫酸)、

   $Ca^{2+} + 2\,OH^- \rightarrow Ca(OH)_2$ (氫氧化鈣)

2. 多原子離子團

離子	名稱	離子	名稱
Hg_2^{2+}	汞離子 (I)	SCN^-	硫氰酸根離子
NH_4^+	銨根離子	CO_3^{2-}	碳酸根離子
NO_2^-	亞硝酸根離子	HCO_3^-	碳酸氫根離子
NO_3^-	硝酸根離子	ClO^-	次氯酸根離子
SO_3^{2-}	亞硫酸根離子	ClO_2^-	亞氯酸根離子
SO_4^{2-}	硫酸根離子	ClO_3^-	氯酸根離子
HSO_4^-	硫酸氫根離子	ClO_4^-	過氯酸根離子
OH^-	氫氧根離子	CH_3COO^-	醋酸根離子
CN^-	氰根離子	MnO_4^-	過錳酸根離子
PO_4^{3-}	磷酸根離子	$Cr_2O_7^{2-}$	重鉻酸根離子 (二鉻酸根離子)
HPO_4^{2-}	磷酸氫根離子	$Cr_2O_4^{2-}$	鉻酸根離子
$H_2PO_4^-$	磷酸二氫根離子	$C_2O_4^{2-}$	草酸根離子

3-2-2 化學反應式

化學反應是反應物經由化學變化轉化為不同產物之過程，金屬生鏽、硫氰酸汞燃燒產生咖啡色「法老之蛇」(圖 3-9)、碘化鉀加雙氧水產生「大象牙膏」(圖 3-10) 等，都屬於化學反應。道耳頓原子說：化學反應是原子間重新排列結合成另一種物質，在反應的過程中遵守質量守恆、原子不滅定律。

圖 3-9　法老之蛇

圖 3-10　大象牙膏

化學反應可用化學反應式表示，例如：

$$2H_2O_{2(aq)} \rightarrow 2H_2O_{(l)} + O_{2(g)}$$ （雙氧水分解為氧氣與水）

$$2NH_{3(g)} + 3CuO_{(s)} \rightarrow N_{2(g)} + 3Cu_{(s)} + 3H_2O_{(l)}$$ （氨氣加氧化銅產生氮氣、銅及水）

式子左側為反應物，右側為產物 (生成物)，中間以箭號 (→) 相連，化學反應過程所需條件會標示在箭號上下，常見的反應條件有加熱 (Δ)、催化劑 (例如：雙氧水分解為氧氣與水可加入二氧化錳 MnO_2 當作催化劑)、壓力、溫度等，例如：

$$2H_2O_{2(aq)} \xrightarrow{\ MnO_2\ } 2H_2O_{(l)} + O_{2(g)}$$

反應物和生成物其化學式前的數字為化學計量係數，為各物質之間莫耳數或分子數的關係。下標括號中的英文則是表示物質的狀態，s 為固體 (solid)、l 表示液體 (liquid)、g 為氣體 (gas)、aq 則表示水溶液 (aqueous)。

反應中若有吸熱反應或放熱反應，表示方式如下：

1. 直接將反應熱寫於化學方程式中。

$$A + B \rightarrow C + D + 反應熱 \quad (放熱反應)；$$

$$A + B + 反應熱 \rightarrow C + D \quad (吸熱反應)；$$

2. 在化學反應式後面以 △H 正值表示吸熱，以 △H 負值表示放熱。

吸熱反應 (△H ＞ 0)：

$$H_2O_{(l)} \xrightarrow{\text{電解}} H_{2(g)} + O_{2(g)} \quad \triangle H = 68.3 \text{ kcal}$$

放熱反應 (△H ＜ 0)：

$$C_{(s)} + O_{2(g)} \rightarrow CO_{2(g)} \quad \triangle H = -94.2 \text{ kcal}$$

以下列舉幾個常見的反應式，甲烷 CH_4 燃燒的反應式為：

$$CH_{4(g)} + 2O_{2(g)} \rightarrow CO_{2(g)} + 2H_2O_{(g)} \quad \triangle H = -891 \text{ kJ/mol}$$

氫氧化鈉溶液及鹽酸溶液中和反應式為：

$$NaOH_{(aq)} + HCl_{(aq)} \rightarrow NaCl_{(aq)} + H_2O_{(l)} + 57.3 \text{ kJ/mol}$$

由以上二式可見，甲烷燃燒時與氧氣產生反應，生成水及二氧化碳。氫氧化鈉溶液及鹽酸溶液中和產生氯化鈉，皆是放熱反應。反應的過程中原子數量、種類都不變，僅原子間重新組合，不因反應而生成或消滅。

化學方程式要平衡即反應前後原子的種類和數目必須相等且反應前後總電荷數的數目也必須相等。平衡化學反應式的方法，有觀察法、代數法、氧化數法、半反應式平衡等方法，在此介紹最基本的觀察法，以雙氧水分解為例，說明觀察法：

1. 寫出尚未平衡的反應式

$$H_2O_2 \rightarrow H_2O + O_2$$

2. 將原子總數最多的分子訂為 1

$$1H_2O_2 \xrightarrow{\hspace{2cm}} H_2O + O_2$$

2 個氫原子

2 個氧原子

3. 反應前後原子的種類和數目必須相等，右邊 H 原子需與左邊 H 原子數目相等

$$1H_2O_2 \xrightarrow{\hspace{2cm}} 1H_2O + O_2$$

2 個氫原子　　　　　2 個氫原子

2 個氧原子　　　　　1 個氧原子 + 2 個氧原子

4. 平衡左右兩邊的氧原子數

$$1H_2O_2 \longrightarrow 1H_2O + \frac{1}{2} O_2$$

| 2 個氫原子 | 2 個氫原子 |
| 2 個氧原子 | 1 個氧原子 + 1 個氧原子 |

5. 將平衡係數化為最簡單整數

$$2H_2O_2 \rightarrow 2H_2O + 1O_2$$

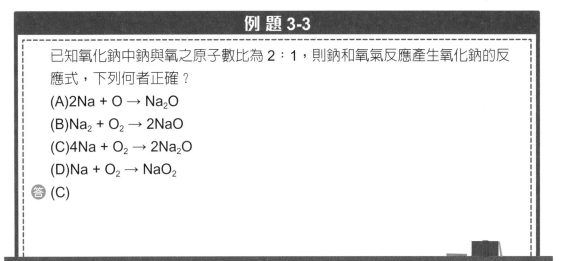

例 題 3-3

已知氧化鈉中鈉與氧之原子數比為 2：1，則鈉和氧氣反應產生氧化鈉的反應式，下列何者正確？

(A)$2Na + O \rightarrow Na_2O$

(B)$Na_2 + O_2 \rightarrow 2NaO$

(C)$4Na + O_2 \rightarrow 2Na_2O$

(D)$Na + O_2 \rightarrow NaO_2$

答 (C)

✎隨堂練習

3-3 試寫出化學反應的平衡方程式：

鈉 + 水 → 氫氧化鈉 + 氫

3-2-3 莫耳及簡單的化學計量

1. **原子量**

   1961 年**國際純化學暨應用化學聯合會 (簡稱 IUPAC)** 將 ^{12}C 的原子量訂定為 12.0000 做為標準，其他元素的原子量皆與 ^{12}C 為比較標準而訂出。

   原子量是一個比較值，本身沒有單位，在國際單位制中，原子量可以視為一莫耳原子的質量以公克表示，其單位為 g/mol；而一個原子的質量以 amu 為單位。

   $1amu = 1.67 \times 10^{-24}$ 公克

   $$1amu = 1 \text{ 個 } ^{12}C \text{ 原子量的 } \frac{1}{12} = \frac{12g}{6.02 \times 10^{23}} \times \frac{1}{12} = \frac{1}{6.02 \times 10^{23}} g = 1.67 \times 10^{-24} g$$

   因 $1amu = \dfrac{12}{6.02 \times 10^{23}} \times \dfrac{1}{12} \times$ 克

   所以 $1amu = \dfrac{1 \text{ 克}}{6.02 \times 10^{23}}$ 即 1 克 $= 6.02 \times 10^{23}$ amu

   ^{12}C 可表示 $\begin{cases} 12(\text{ 無單位 }) \\ 12(\text{ 克 / 莫耳 }) \\ 12(amu / \text{ 個 }) \end{cases}$

表 3-9　常見元素原子量

原子	原子 (amu)
^{12}C(碳)	12.00
H(氫)	1.008
N(氮)	14.01
O(氧)	16.00
Na(鈉)	22.99
Cl(氯)	35.45

表 3-10　在微觀世界中，以 amu 為質量單位；巨觀世界則以克為質量單位。

	微觀	巨觀
原子	1 個 ^{12}C 原子的質量為 12 amu	1 mol ^{12}C 原子的質量為 12 克
分子	1 個 CO_2 分子的質量為 44 amu	1 mol CO_2 分子的質量為 44 克

2. 分子量

分子量 (符號為 Mr) 即為該分子所有原子的原子量總合，例如：水 H_2O 的分子量約為 18.0amu(H ≒ 1.0amu, O ≒ 16.0amu；$1 \times 2 + 16 = 18$)，氨 NH_3 分子量約為 17.0amu，葡萄糖 $C_6H_{12}O_6$ ≒ 180.0amu。

3. 莫耳 (mole、mol)

莫耳為一個計量單位，如同 1「打」色鉛筆 12 支、1「手」啤酒 6 瓶、1「雙」鞋子 2 隻；莫耳也是如此，由 IUPAC 定義 ^{12}C = 12.0000 amu，可以推算出 12 克的 ^{12}C 原子數目為 6.02×10^{23} 個，此數字稱為**亞佛加厥數** (可記為 N_0 或 N_A)；現定義 1 莫耳物質約含有 6.02×10^{23} 個粒子，例如：

1 莫耳氫離子 $(H^+) = 6.02 \times 10^{23}$ 個氫離子

1 莫耳葡萄糖分子 $(C_6H_{12}O_6) = 6.02 \times 10^{23}$ 個 $C_6H_{12}O_6$ 分子

例 題 3-4

實驗室常以加熱氯酸鉀 $(KClO_3)$ 製造氧氣，試問 122.55 克的氯酸鉀可產生多少克的氯化鉀？$(KClO_3 = 122.55 \text{ amu}, KCl = 74.6 \text{ amu})$

$2KClO_{3(s)} \rightarrow 2KCl_{(s)} + 3O_{2(g)}$

答 $KClO_3$ 的莫耳數 122.55/122.55 = 1.00 莫耳

$$2KClO_{3(s)} \rightarrow 2KCl_{(s)} + 3O_{2(g)}$$

反應前莫耳數：	1.00		
反應變化莫耳數	− 1.00	+ 1.00	+ 1.50
反應後的莫耳數	0	+ 1.00	+ 1.50

可產生 1 莫耳的氯化鉀

1 莫耳的氯化鉀 = 74.6×1 = 74.6(公克)

✎ 隨堂練習

3-4 碳酸鈣 $(CaCO_{3(s)} = 100amu)$ 和定量鹽酸 $[HCl_{(aq)}]$ 作用。

$CaCO_{3(s)} + 2HCl_{(aq)} \rightarrow CaCl_2 + CO_2 + H_2O$

欲產生 6.02×10^{22} 個氯化鈣分子，試問需要多少克的碳酸鈣參與反應？

3-2-4　限量試劑

通常化學反應中，並非所有的反應物都是依照計量比例相混合，所以過量的反應物會在反應結束後剩餘。若有兩種以上反應物參與的化學反應中，當反應完成後，有反應物剩下來，那麼生成物的產量將是由完全消耗完的反應物所決定，而被用盡的反應物就稱之為**限量試劑** (Limiting reagents)。由於限量試劑可以限制生成物的產量，所以其在化工程序中佔有關鍵的地位。

而限量試劑常由反應物平衡方程式中的$\dfrac{莫耳數}{係數}$最小者，作為判斷的方式。

例 題 3-5

甲烷燃燒，若取 2 莫耳甲烷和 3 莫耳氧氣反應，何者為限量試劑？

$CH_4 + 2O_2 \rightarrow CO_2 + 2H_2O$

答

$$CH_4 + \quad 2O_2 \quad \rightarrow CO_2 + 2H_2O$$

	CH_4	$2O_2$	CO_2	$2H_2O$
反應前莫耳數：	2	3		
反應變化莫耳數	-1.5	-3	$+1.5$	$+3$
反應後的莫耳數	0.5	0	1.5	3

若取 2 莫耳甲烷和 3 莫耳氧氣反應，那麼氧氣用盡時，仍剩餘 0.5 莫耳甲烷，則氧氣就是限量試劑，氧氣的量會同時決定 CO_2 和 H_2O 的最大產量。

另由$\dfrac{莫耳數}{係數}$最小者作為判斷

$$CH_4 + 2O_2 \rightarrow CO_2 + 2H_2O$$

反應前莫耳數：　2　　3

$\dfrac{莫耳數}{係數}$　　2/1　3/2

　　　　　=2　=1.5 (最小為限量試劑)

3-5 火箭燃料，取 2 莫耳聯胺 (N_2H_4)，2 莫耳四氧化二氮 (N_2O_4)，其平衡反應式為：

$2N_2H_{4(l)} + N_2O_{4(l)} \rightarrow 3N_{2(g)} + 4H_2O_{(g)}$，何者為限量試劑？

 ## 3-3　溶液的性質

不同的物質溶於水中，所形成的溶液會有不同的性質。有些會解離，有些只是溶解，有些會使 pH 試紙改變顏色，呈現酸性、中性或鹼性，一些能導電，一些則不能導電。

3-3-1　溶液

溶液 (Solution)，由溶質和溶劑所組成，又稱爲均勻混和物，是由兩種或以上純物質所組成的均相，可能是固態、液態或是氣態。通常溶劑是體積最大或最多的物質。若混合物中有水時，無論水的含量多寡，水皆爲溶劑。常見的溶液包括下表 3-11。

表 3-11　常見的溶液

溶液種類	溶質溶於溶劑	實例
氣態溶液	固體溶於氣體	霧霾
	液體溶於氣體	雲、霧 (液態的水溶於空氣中)
	氣體溶於氣體	空氣、水煤氣 ($CO + H_2$)
液態溶液	固體溶於液體	蔗糖溶於水、食鹽溶於水、碘溶於酒精
	液體溶於液體	醋酸溶於水、酒精溶於水
	氣體溶於液體	二氧化碳溶於水 (汽水)、氯溶於水 (氯氣消毒水)、氨溶於水、水中供生物呼吸的氧氣

溶液種類	溶質溶於溶劑	實例
固態溶液 (又稱固熔溶體)	固體溶於固體	合金 (青銅、黃銅)、不鏽鋼、18K 金
	液體溶於固體	補牙用的銀粉 (銀汞齊 [汞於銀])、鋅汞齊 [汞於鋅]、銅汞齊 [汞於銅]、錫汞齊 [汞於錫]
	氣體溶於固體	燃料電池中，氫氣通入多孔隙的鉑或鎳，被吸附作為電極

1. **離子化合物的水溶液**

　　許多種類的鹽，例如：氯化鈉 (NaCl)、硝酸鉀 (KNO_3) 與許多種類的鹼例如氫氧化鈉 (NaOH) 等都屬於離子化合物，這些物質容易在水中解離出正、負離子。

　　以氯化鈉水溶液為例：

　　氯化鈉溶於水後，因為與水分子作用，會解離出鈉離子和氯離子，其中鈉離子 (Na^+) 帶正電荷，氯離子 (Cl^-) 帶負電荷。其化學式如下：

$$NaCl \rightarrow Na^+ + Cl^-$$

　　並非所有的離子化合物都易溶於水中，例如：人體內結石成分比例最多的草酸鈣 (CaC_2O_4)。下表 3-12 是離子化合物在水中溶解的情形，我們可以發現 OH^-，所形成的化合物大多難溶於水。所以我們在處理廢水時，第一步常加入鹼 (OH^-) 讓水中的重金屬離子和 OH^- 結合產生沉澱，藉以除去水中有害的重金屬離子。

　　相對地，硫酸根離子 (SO_4^{2-}) 與 Ca^{2+}、Sr^{2+}、Ba^{2+}、Pb^{2+} 易產生沉澱，而硝酸根離子 (NO_3^-) 與所有陽離子不易產生沉澱。在酸雨中有氫離子 (H^+)，當酸雨流入河川、湖泊也會使底部有些已沉澱的重金屬離子再度溶解，而造成危害。

表 3-12　離子化合物在水中的溶解度

分類	陰離子	陽離子	溶解度
均可溶於水	所有陰離子	第 1 族、NH_4^+、H^+	可溶
	NO_3^- (硝酸根)	所有陽離子	
	CH_3COO^- (醋酸根)	所有陽離子 (Ag^+ 除外)	
大部分可溶於水少數難溶於水列於右側	Cl^-、Br^-、I^-	Hg_2^{2+}、Cu^+、Pb^{2+}、Ag^+、Tl^+	難溶
	SO_4^{2-}	Ca^{2+}、Sr^{2+}、Ba^{2+}、Pb^{2+}	
	CrO_4^{2-}	Sr^+、Ba^{2+}、Pb^{2+}、Ag^+	

分類	陰離子	陽離子	溶解度
大部分難溶於水 少數可溶於水 列於右側	S^{2-}	第 1 族、H^+、NH_4^+、第 2 族	可溶
	OH^-	第 1 族、H^+、NH_4^+、Ca^{2+}、Sr^{2+}、Ba^{2+}	
	$C_2O_4^{2-}$	第 1 族、H^+、NH_4^+、Be^{2+}、Mg^{2+}	
	SO_3^{2-}、PO_4^{3-}、CO_3^{2-}	第 1 族、H^+、NH_4^+	

2. **分子化合物的水溶液**

許多種類的酸，例如：醋酸 (CH_3COOH)、鹽酸 (HCl)、硝酸 (HNO_3) 等，以及多種的有機化合物，包含醇類，例如：乙醇 (C_2H_5OH)、丙三醇 ($C_3H_8O_3$)；醣類，例如：葡萄糖 ($C_6H_{12}O_6$)、蔗糖 ($C_{12}H_{22}O_{11}$)；丙酮 (CH_3COCH_3) 和尿素 (NH_2CONH_2) 等都屬於分子化合物。

部分分子化合物在水中可以解離出正、負離子，屬電解質化合物：

以鹽酸 (HCl 氯化氫水溶液) 為例：

氯化氫可以完全解離成帶正電荷的氫離子 (H^+) 與帶負電荷的氯離子 (Cl^-)。其化學式如下：

$$HCl \rightarrow H^+ + Cl^-$$

再以醋酸 (CH_3COOH) 為例：

醋酸在水中則沒有辦法完全解離，只有少部分能產生正、負離子，醋酸分子會在解離出的氫離子 (H^+) 與醋酸根離子 (CH_3COO^-) 之間保持平衡。其化學式如下：

$$CH_3COOH \rightleftharpoons H^+ + CH_3COO^-$$

部分分子化合物在水中則是以分子的狀態存在，無法解離出正、負離子，例如：乙醇、蔗糖、丙酮和尿素等水溶液，是屬於非電解質化合物。所以分子化合物包含了電解質與非電解質。

3. **電解質與非電解質**

當化合物溶於水中或熔融狀態時，其溶液因產生陰、陽離子而可導電，稱為**電解質** (electrolyte)，如：酸、鹼、鹽，又因解離程度的不同分為強電解質與弱電解質，例如：鹽酸 (HCl)、硝酸鉀 (KNO_3)、氫氧化鈉 ($NaOH$)、氯化鈉 ($NaCl$) 等為強電解質，醋酸 (CH_3COOH)、氫氟酸 (HF) 等為弱電解質。而溶於水中不能解離無法導電者，稱為**非電解質** (nonelectrolyte)，例如乙醇 (C_2H_5OH)、葡萄糖 ($C_6H_{12}O_6$)、丙酮 (CH_3COCH_3) 和尿素 (NH_2CONH_2) 等。

3-3-2　溶液的 pH 值

在瑞典的化學家阿瑞尼斯的酸鹼學說中定義：在水溶液中，能夠產生出氫離子 (H^+) 的物質，稱為酸；能夠產生氫氧根離子 (OH^-) 的，稱為鹼。

在 25℃ 的水溶液中 $[H^+] = [OH^-] = 10^{-7}M$，氫離子濃度與氫氧根離子濃度的乘積為定值 $[H^+] \times [OH^-] = 1 \times 10^{-14}$

$$pH = -\log[H^+]\,(\text{或}\,[H^+] = 10^{-pH})$$
$$pOH = -\log[OH^-]\,(\text{或}\,[OH^-] = 10^{-pH})$$
$$pH + pOH = 14$$

一般我們會以 pH 值來表示酸鹼程度，定義 25℃ 時水中 $[H^+] = 10^{-7}M$，其 pH 值等於 7，呈現中性。當溶液 pH 值小於 7，即 $[H^+] > 10^{-7}M > [OH^-]$，此時溶液呈酸性。當溶液 pH 值大於 7，即 $[H^+] < 10^{-7}M < [OH^-]$，此時溶液呈鹼性。pH 值越小的溶液，表示其氫離子的濃度越大或氫氧根離子濃度越小。pH 值越大的溶液，表示其氫氧根離子的濃度越大或氫離子濃度越小。

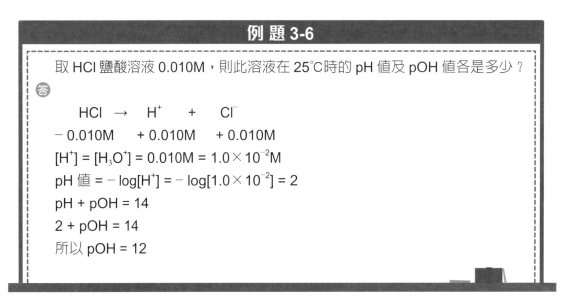

例題 3-6

取 HCl 鹽酸溶液 0.010M，則此溶液在 25℃ 時的 pH 值及 pOH 值各是多少？

答

$$HCl \rightarrow H^+ + Cl^-$$
$$-0.010M \quad +0.010M \quad +0.010M$$
$$[H^+] = [H_3O^+] = 0.010M = 1.0 \times 10^{-2}M$$
$$pH\,值 = -\log[H^+] = -\log[1.0 \times 10^{-2}] = 2$$
$$pH + pOH = 14$$
$$2 + pOH = 14$$
所以 $pOH = 12$

隨堂練習

3-6　取 pH 值為 12 的 NaOH 氫氧化鈉溶液，則此溶液的 pOH 值？

3-3-3　溶液濃度計算

溶質在每單位溶劑內的量稱為濃度，溶質在定溫、定壓下所能達到的最大濃度稱為溶解度。濃度低於溶解度的稱為未飽和溶液，濃度等於溶解度的稱為飽和溶液，濃度大於溶解度的稱為過飽和溶液，過飽和溶液為一種不穩定狀態，若在過飽和溶液中加入一些微小的晶體當作晶種，則過飽和溶液即析出晶體，而變為飽和溶液。

常用的濃度表示方法有**重量百分率濃度 (%)**、**體積莫耳濃度 (M)**、**百萬分濃度 (ppm)** 等。

1. **重量百分率濃度 (%)**

   又稱質量百分濃度，定義為每 100 克的溶液中所含溶質克數，其公式為

   重量百分率濃度 = 溶質克數 / 溶液克數 *100%

   　　　　　　　 = 溶質克數 / 溶劑克數 + 溶質克數 *100%

   例如：將 20 克蔗糖溶於 80 克的水中形成 100 克的糖水溶液，則重量百分率濃度為 20%。

例 題 3-7

將 25.0 克的氯化鈉溶於 100.0 克的水中，試求其重量百分率濃度。

答

重量百分率濃度 = 25.0/(25.0 + 100.0)×100% = 20.0%

例 題 3-8

生理食鹽水的濃度為 0.9%，今欲配成 400.0 克之生理食鹽水，試問需要取多少克的食鹽溶於多少毫升的水中。

答

設鹽需 x 克，則水需 400－x 克。

0.9% = x/400×100%

x = 3.6(克)，需取食鹽 3.6 克

又需水 400－x 克 = 396.4 克

✏️隨堂練習

3-7 將 30% 的糖水溶液 50 公克再加入 70.0 克的水，試計算其重量百分率濃度變為多少？

✏️隨堂練習

3-8 小華爸爸今天喝了一瓶 4.5% 的氣泡酒 500.0 毫升，已知酒精密度為 0.8g/cm³，請問小華爸爸共喝下多少公克的酒精？

2. 體積莫耳濃度 (M)

簡稱莫耳濃度，實驗中常以體積莫耳濃度來表示溶液的濃度，定義為每 1 公升的溶液中含有溶質的莫耳數，單位為：莫耳／公升 (mol/L) 或 M。其公式為：

體積莫耳濃度 = 溶質莫耳數 (mol)／溶液體積 (公升)

= (溶質質量／溶質分子量)／溶液體積

例 題 3-9

今取 9.8 克的硫酸 (H_2SO_4，分子量為 98.0) 溶於水，配製成 200.0 毫升的硫酸溶液，試問其濃度為多少 M ？

答

硫酸莫耳數 = 9.8/98.0 = 0.10(莫耳)
體積莫耳濃度 = 0.10/0.20 = 0.5(M)

例 題 3-10

在 300.0 毫升的 0.3M 氫氧化鈉溶液中，含有氫氧化鈉多少公克 ？
(氫氧化鈉分子量為 40.0)

答

氫氧化鈉莫耳數 = 0.3M×0.3L = 0.09(莫耳)
氫氧化鈉克數 = 0.09×40.0 = 3.6(克)

🖉 隨堂練習

3-9 今取 9.0 克的葡萄糖 (分子量為 180.0) 溶於水，配製成 500.0 毫升的葡萄糖溶液，試問其莫耳濃度為多少 M ？

隨堂練習

3-10 3.50M 的硫酸溶液取 420 毫升，試問含有硫酸多少公克？(硫酸分子量為 98.0)

3. **百萬分濃度 (ppm)**

定義為每百萬克溶液中所含溶質克數，常用於食品添加物、空汙指標、水質汙染物的含量檢測。其公式為：

百萬分濃度 = 溶質克數 / 溶液克數 $\times 10^6$

例 題 3-11

賣場的瓶裝飲用水上標示：每瓶容量 2200mL，成分中含有 33.0mg 的鈣，根據此標示，請問每瓶水中鈣的濃度為多少 ppm ？

 答

百萬分濃度 = 33/2.2L = 15ppm

隨堂練習

3-11 5 公升的水中含有氯氣 0.0025 克，試求其濃度為多少 ppm ？

3-4　酸鹼中和反應及氧化還原反應

3-4-1　酸鹼中和反應 (acid-base neutralization)

酸性與鹼性溶液混合時，酸溶液中的氫離子 (H^+) 和鹼溶液中的氫氧根離子 (OH^-) 反應產生水，並且放熱，這種化學變化稱為**酸鹼中和**，又稱中和反應。

以在鹽酸中加入氫氧化鈉水溶液為例，鹽酸與氫氧化鈉的反應式為

$$HCl + NaOH \rightarrow H_2O + NaCl$$

中和反應的產物除了水以外，還產生了鹽類 (NaCl)。

同理可證，其他的酸鹼中和反應也會產生鹽類，舉例如下：

使用硝酸與氫氧化鉀水溶液反應，兩者的反應式為

$$HNO_3 + KOH \rightarrow H_2O + KNO_3$$

從上述的例子中可得知，如果酸性溶液或鹼性溶液的種類改變時，產生的鹽則會有不同的種類，這樣的結果，可由下列的反應式來表示：

$$酸 + 鹼 \rightarrow 水 + 鹽$$

一般而言，可視為氫離子 (H^+) 與氫氧根離子 (OH^-) 結合形成水的反應，故可用淨離子方程式表示

$$H^+ + OH^- \rightarrow H_2O$$

由淨離子方程式可得知：當酸鹼反應達成中和時，酸性溶液所消耗的 H^+ 莫耳數會等於鹼性溶液所消耗的 OH^- 莫耳數。

在日常生活中有許多酸鹼中和反應的運用。例如許多昆蟲的唾液中含有蟻酸，因此被蚊蟲叮咬後，可以用鹼性溶液如肥皂水，來清洗塗抹患處，以減輕紅腫搔癢的症狀。人體的胃液中含有鹽酸，因此當胃酸分泌過多，會造成身體不適，若適當服用胃藥，胃藥中的弱鹼性物質可中和胃酸，減輕不適的症狀。土壤受到酸雨影響 pH 值會下降而不適合耕種，所以從前農夫在收割完畢後常會燃燒稻草，稻草的灰燼中具有鹼性的碳酸鉀 (K_2CO_3)，可以中和土壤的酸性，讓土質變得適合耕作。但法律已明令禁止任意露天燃燒稻草，因為產生的濃煙，可能影響到周遭車輛的行車安全，所以可改為添加氧化鈣 (CaO) 或氧化鎂 (MgO) 等鹼性肥料來中和土壤的酸性。

例題 3-12

燒杯內裝 0.90M 的鹽酸 40 毫升，須加入多少毫升的 0.60M 氫氧化鈉溶液才能完全中和？

答

$M_酸 V_酸 = M_鹼 V_鹼$，$0.90 × 40/1000 = 0.60 × V/1000$，$V = 60($毫升$)$

✎隨堂練習

3-12 以 0.2M 的氫氧化鈉溶液滴定 50 毫升的鹽酸，需 30 毫升的氫氧化鈉溶液才能完全中和，請問鹽酸的濃度為多少 M？

3-4-2　氧化還原反應

物質與氧結合或失去電子的反應稱為**氧化反應** (oxidation)；反之，物質失去氧或得到電子的反應則稱為**還原反應** (reduction)。凡物質牽涉到氧的得失或電子之轉移而產生之化學反應，統稱為**氧化還原反應** (reduction-oxidation reaction)。氧化與還原必定同時發生同時進行。

例如：碳的燃燒，碳與氧結合產生二氧化碳，即為氧化反應。其化學反應式如下：

$$C_{(s)} + O_{2(g)} → CO_{2(g)}$$

木炭與氧化銅作用，氧化銅失去氧變回銅，即為還原反應。其化學反應式如下：

$$C_{(s)} + 2CuO_{(s)} → 2Cu_{(s)} + CO_{2(g)}$$

鋅片與銅離子反應，鋅失去電子發生氧化反應，產生鋅離子；而銅離子得到電子發生還原反應，產生銅。其化學反應式如下：

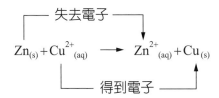

在日常生活中，也常見氧化還原反應，例如：呼吸作用就是氧化還原反應，葡萄糖被氧化 (失去電子使碳被氧化為二氧化碳)，葡萄糖丟出的電子經由電子傳遞鏈交給氧氣，因此氧氣被還原為水。其化學反應式如下：

$$C_6H_{12}O_{6(s)} + 6O_{2(g)} \rightarrow 6H_2O_{(l)} + 6CO_{2(g)} + 能量$$

低濃度的雙氧水，可用於殺菌及外用的醫療用途；高濃度的雙氧水，則可用於製造工業。雙氧水會分解產生出水與氧氣，常以二氧化錳做為催化劑，其化學反應式如下：

$$2H_2O_{2(aq)} \xrightarrow{MnO_2} 2H_2O_{(l)} + O_{2(g)}$$

此反應也稱為自身氧化還原反應 (self-redox reaction)。

以上舉例之氧化還原反應皆是自然發生的反應。有些氧化還原反應無法自然發生，必需經由外界獲得能量才能達成，例如：用直流電電解水，可將水分解成氧氣和氫氣。其化學反應式如下：

$$2H_2O_{(l)} + 能量 \rightarrow O_{2(g)} + 2H_{2(g)}$$

NOTE

化學與能源

能源與人類文明的演進息息相關。最早的能源是火，中國古老傳說燧人氏發現火的利用，使古早人類逐漸改變了生食的習慣，進而有了燒製陶器、冶鑄銅器等等。自然界的能源都是由太陽能直接或間接轉化而來的。

近年來，由於溫室效應和能源危機，使太陽能、風力、水力、地熱、海洋能、生質能及氫能，成為未來的替代能源選項，但這些能源都存在著缺點，目前尚不能完全取代石油。圖 4-1 為 2025 年到 2030 全台能源消費變化趨勢。

2025 年	2030 年		
◎製造業逐批汰換製程設備	◎製造業導入高效率低碳製程設備	工業節能	◎產業製程改善 ◎產業節能輔導 ◎提升企業節能目標與效率要求
◎能源大用戶達 50% 能源納入 ISO 50001 管理	◎能源大用戶達 60% 能源納入 ISO 50001 管理		
◎每年新增 700 件綠建築	◎每年新增 800 件綠建築	商業節能	◎設備或操作行為改善 ◎商業模式低碳轉型 ◎綠建築
◎採用能效 1 級之空調與冷凍冷藏設備，導入空調最佳化操作系統，汰換燈具為 LED 燈	◎公有新建建築達能效 1 級或近零碳		
	◎商業能源大用戶 30% 採用能效 1 級之空調與冷凍冷藏設備，60% 導入空調最佳化操作系統，全面採用 LED 燈	住宅節能	◎新建／既有建築能效提升 ◎家電設備效率提升 ◎社會宣導與溝通
◎住宅建築外殼基準提升 5%			
◎市售燈泡 100% 為 LED 燈	◎住宅建築外殼基準提升至 10%	運具節能	◎擴大車輛能效管理範疇／深度 ◎改變車隊駕駛行為 ◎運具能效分級資訊揭露
◎新增 2.5 噸以上小貨車納入車輛能效管理	◎冷氣機、電冰箱 MEPS 提升至 3 級基準		
	◎整體新車能效提升 30%	科技節能	◎創新製程開發 ◎高效設備研發 ◎能管系統整合

圖 4-1　全台能源消費變化趨勢（資料來源：經濟部能源局，2022）

4-1 化石能源與燃燒熱

　　現代化工業的建立，是立基於化石燃料的使用，由於化石燃料的單位重量儲能極大，能夠轉換成動能、熱能、電能等其他形式的能量，方便人類作各方面的運用。

4-1-1　化石燃料

　　化石燃料如煤、石油、天然氣，是地球上的常用主要能源。

一、煤

　　植物因地殼變動埋入地底下與空氣隔絕，經長時間受地熱、高壓及微生物等複雜的物理化學變化作用而形成，主要含碳及少量的氫、氧、氮、硫等元素。

　　將煤隔絕空氣加熱至高溫的分解過程，稱為乾餾，產物如下：

1.　**氣態產物**：煤氣。主要含甲烷、氫氣、一氧化碳、二氧化碳、氨氣，是重要的氣體燃料。

2.　**液態產物**：煤溚 (煤焦油)。主要含芳香烴 (苯、甲苯、萘等)，可用於醫藥及染料。

3.　**固態產物**：煤焦。主要含碳，可當煉鐵的燃料及還原劑。

　　煤主要用來當作火力發電的燃料，但煤燃燒時放出的熱量比石油小而汙染性大，除二氧化碳會造成溫室效應外，所產生的硫及氮氧化物是造成酸雨的主要原因。若將適量的水蒸氣通入紅熱的煤焦，產生一氧化碳和氫氣的混合氣體，就是俗稱的水煤氣。這個反應是吸熱反應，適合在高溫下進行，水煤氣可作為工業燃料。

　　煤碳是一種黑褐色的沉積岩，其主成分為碳。煤炭一共可分為四個等級，由品質低到高可分為：含碳量約 50% 的泥煤、含碳量約 70% 的褐煤、含碳量約 85% 的煙煤，以及含碳量約 95% 的無煙煤，而當煤炭的含碳量越高其熱值也越高 (如表 4-1)。

表 4-1　煤的種類及性質

特性＼種類	無煙煤	煙煤	褐煤	泥煤
含碳量 (%)	90～95	75～90	60～75	50～60
燃燒熱 (cal/g)	7000～8000	5500～7000	3000～5500	2000～3000
蘊藏深度 (m)	6000	3000	1000	20
特性	揮發分少	堅硬、黑色光澤	揮發分較多	水分含量較多
適用	家庭燃料	工業用燃料	替代工業用燃料	替代柴薪作燃料

二、石油

　　是古代動植物遺骸因地殼變動埋入地底下，長時間受地熱高壓及微生物等作用分解而成。據估計大約只有千分之一或更少的生物體經快速掩埋與空氣隔絕才有機會轉化；並在適當的儲存空間下，再加上良好的封閉蓋層，才能形成一個良好的石油儲存源。它由不同的碳氫化合物混合而成，其主要成分是烷烴。此外石油中還含有硫、氧、氮、磷等元素，而石油的開採過程可分為探勘、鑽井、生產等階段 (圖 4-2)。

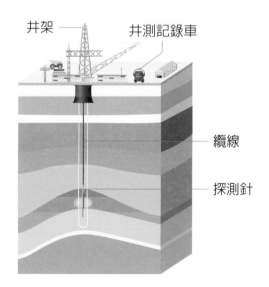

圖 4-2　石油蘊藏開採過程示意圖

石油的煉製

未經加工的石油稱為原油，原油為製造石油產品的原料，由原油製造成石油產品的過程稱為煉油。煉油的第一階段為分餾，分餾是一種物理方法，是利用混合物沸點高低不同的性質，藉以加熱將其分離的過程，但分餾出來的產物仍是混合物。石油分餾的程序是將石油加熱 400℃至 500℃之間，使其變成蒸氣，將蒸氣輸進分餾塔中，但有些蒸氣無法冷卻成液態，便會在分餾塔塔頂被收集，成為氣態燃料。具有較低沸點的成份，會在溫度較低的高餾層被冷凝成液態收集。例如：汽油；具有較高沸點的成份，則會在溫度較高的低餾層被收集。例如：柴油；在塔底所留下的黏滯殘餘物便是瀝青 (圖 4-3 及表 4-2)。

原油中不同沸點的碳氫化合物予以分離後，有些分子量較大的烴類可再加以裂解、轉化或重組等方法來處理，可提高產品的經濟價值。例如裂解成小分子的烷或烯，再加工製成塑膠、纖維、清潔劑……等。

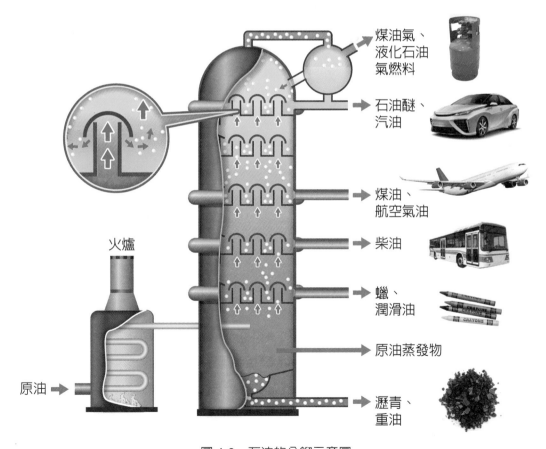

圖 4-3　石油的分餾示意圖

表 4-2　石油的分餾產物成分及用途

分餾產物	分餾溫度	含碳原子數	用途
石油氣	20°C以下	$C_1 \sim C_4$	燃料
石油醚	$20 \sim 60°C$	$C_5 \sim C_6$	溶劑
汽油	$60 \sim 200°C$	$C_6 \sim C_9$	汽車燃料及溶劑
煤油	$175 \sim 300°C$	$C_{10} \sim C_{16}$	噴射機燃料
柴油	$250 \sim 400°C$	$C_{15} \sim C_{20}$	柴油機燃料
石蠟	>300°C	$C_{18} \sim C_{22}$	蠟燭
瀝青	黏稠液體	$C_{18} \sim C_{40}$	鋪馬路

例 題 4-1

分餾的原理是利用混合物的何種性質，藉由加熱將其分離的過程？
(A) 含碳成分　(B) 含氫成分　(C) 沸點高低不同　(D) 遇熱產生的化學變化。
答 (C)

✏️ 隨堂練習

4-1　煉油的第一階段是分餾，分餾是一種什麼方法？
　　(A) 化學方法　(B) 物理化學混合方法　(C) 過濾法　(D) 物理方法。

三、天然氣及液化石油氣

1. **天然氣**：存在於深度 500 到 5000 公尺之間的多孔岩石的孔隙當中，其上覆蓋多層實心岩層，主要成分為甲烷 (CH_4)、乙烷 (C_2H_6) 等烷類混合物，用於瓦斯 (圖 4-4)。

圖 4-4　天然氣瓦斯

2. **液化石油氣 (LPG)**：於煉油精製過程中產生並回收的氣體，在常溫下經加壓而成的液態產品，通常是加壓裝入鋼瓶中供用戶使用，故又稱之為**液化瓦斯或桶裝瓦斯** (圖 4-5)，主要成份是丙烷 (C_3H_8)、丁烷 (C_4H_{10}) 等烷類混合物。

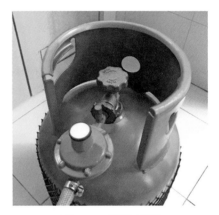

圖 4-5　桶裝瓦斯

　　天然氣與液化石油氣兩者皆無色、無味，且易燃。氧氣不足時，燃燒會產生一氧化碳，一氧化碳與血紅蛋白的結合力比氧與血紅蛋白的結合力大 200 ～ 300 倍。**一氧化碳中毒**會有缺氧現象，中毒症狀較輕者，可能會有頭暈、頭痛、噁心、嘔吐、全身無力等症狀；當中毒較嚴重時，則可見昏迷、抽搐、心律不整、心肌梗塞，乃至死亡；另外有少部分病人在恢復意識後，經過一段時間，會發生遲發性腦病變，而有智能減退、行為退化等症狀出現。一氧化碳中毒的緊急處理包括立即將病患移至通風的環境下，若有意識不清，需保持呼吸道暢通。為確保天然氣和液化石油氣之安全使用，均會添加少量具臭味的硫醇物質 (C_2H_5SH)，方便察覺洩漏事件發生。

4-1-2　莫耳燃燒熱與熱值

　　莫耳燃燒熱為在 25℃ 及 1 大氣壓下，一莫耳物質和氧完全燃燒時所放出的熱量，其單位為千焦耳 / 莫耳。有些不能燃燒之元素或氧化物，其莫耳燃燒熱定為 0，燃燒是放熱反應，其 ΔH 是負值。而熱值一般以單位質量燃料與氧完全燃燒所放出的熱量來表示，其單位為千焦耳 / 克。

烴類為碳氫化合物，所含碳氫原子數愈多，莫耳燃燒熱愈大，但平均每克的燃燒熱 (熱值) 愈小，例如：以甲烷 (CH_4)、乙烷 (C_2H_6) 及丙烷 (C_3H_8) 的燃燒熱來看，甲烷為 $-890.3KJ/mol$、乙烷 $-1558KJ/mol$ 及丙烷 $-2220KJ/mol$，此三者中丙烷碳數較多相對放出的熱量也比較多。若以甲烷 (CH_4)、乙烷 (C_2H_6) 及丙烷 (C_3H_8) 的熱值來看，甲烷為 $-55.3KJ/g$、乙烷 $-51.9KJ/g$ 及丙烷 $-50.5KJ/g$，此三者中甲烷碳數較少，相對放出的熱量卻比較多，莫耳燃燒熱與熱值不相同，物質的熱值愈高則表示經濟價值愈高，此物質是愈佳的燃料，如表 4-3。氫的熱值是所有化石燃料、化工燃料和生物燃料中最高的。

表 4-3　常見燃料的莫耳燃燒熱及熱值 (25°C、1atm)

燃料	成分	分子量 (g/mol)	莫耳燃燒熱 (kJ/mol)	熱值 (kJ/g)
氫氣	H_2	2	−285.8	−142.9
甲烷	CH_4	16	−890.3	−55.6
乙烷	C_2H_6	30	−1558	−51.9
丙烷	C_3H_8	44	−2220	−50.5
丁烷	C_4H_{10}	58	−2882	−49.7
辛烷	C_8H_{18}	114	−5470	−47.9
十六烷 (柴油成分)	$C_{16}H_{34}$	226	−10701	−47.3

4-1-3　汽油辛烷值

辛烷值 (octane number，O.N.) 是決定汽油抗震爆性的重要指標，所謂震爆 (Knocking) 是指汽車引擎內發生不正常的燃爆，連續的震爆容易燒壞氣門、活塞等機件 (圖 4-6)。而引擎的「壓縮比」決定需要使用多少辛烷值的汽油。當引擎在壓縮行程中，油氣體積變小，其壓縮比率越大，壓力越大，溫度越高，此時所選用的汽油，必須在此條件下仍然不會自燃。如果火星塞尚未點火之前，油氣產生自燃現象，則在動力行程中會產生火焰波互相衝擊的現象，此將造成引擎震爆，汽油對於抗此震爆程度之量測指標稱為辛烷值。辛烷值越高，抗震爆程度越高。若壓縮比高而使用低辛烷值汽油，會引起不正常燃燒，將造成震爆、耗油及行駛無力等現象。但若是低壓縮比引擎採用較高辛烷值汽油，引擎馬力並不會提升，較高辛烷值汽油價格高反而造成金錢之浪費。

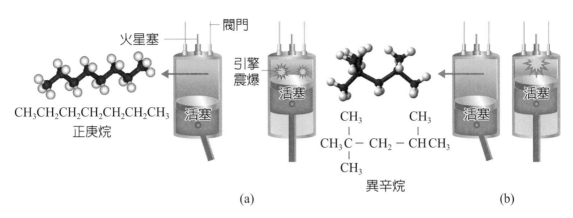

$CH_3CH_2CH_2CH_2CH_2CH_2CH_3$

正庚烷

$$CH_3 \overset{\displaystyle CH_3}{\underset{\displaystyle CH_3}{\overset{|}{\underset{|}{C}}} - CH_2 - \overset{\displaystyle CH_3}{\overset{|}{CH}} CH_3}$$

異辛烷

(a)　　　　　　　　　　　(b)

圖 4-6　內燃機震爆示意圖

(a) 正庚烷等直鏈烷，在活塞壓縮過程中，火星塞還沒點火，壓縮時所產生的熱就會將其引燃，提早引擎循環的時間，引起震爆現象。

(b) 異辛烷等支鏈烷，燃燒沒有那麼快，不會因為壓縮而點燃，只有在火星塞點火時才能引燃而燃燒。

　　正庚烷的震爆嚴重，其辛烷值訂為 0，異辛烷 (2, 2, 4- 三甲基戊烷) 的震爆較小，它的辛烷值訂為 100(圖 4-7)，但也有物質的辛烷值超過 100，例如甲基三級丁基醚的辛烷值為 116。或是低於 0，例如直鏈的正辛烷的辛烷值是 － 10(表 4-4)。辛烷值愈高，愈不易震爆，抗震性愈好，例如 95 無鉛汽油比 92 無鉛汽油抗震性好。目前市售 95 無鉛汽油為抗震爆程度與體積 95% 的異辛烷及 5% 的正庚烷之混合物

$CH_3 - CH_2 - CH_2 - CH_2 - CH_2 - CH_2 - CH_3$

(a) 正庚烷

$$CH_3 - \overset{\displaystyle CH_3}{\underset{\displaystyle CH_3}{\overset{|}{\underset{|}{C}}}} - CH_2 - \overset{\displaystyle CH_3}{\overset{|}{CH}} - CH_3$$

(b) 異辛烷

圖 4-7　(a) 正庚烷　(b) 異辛烷

相當，但不表示此汽油之成分就是 95% 異辛烷加 5% 正庚烷，而是在汽油中添加了甲基三級丁基醚、甲醇、乙醇、第三丁醇等添加物來提高辛烷值，這類汽油稱為**加氧汽油**。

表 4-4　常見烷烴的辛烷值

名稱	辛烷值	品名	辛烷值
正辛烷	−10	甲醇	113
正庚烷	0	乙醇	114
正戊烷	62	苯	101
異戊烷	94	甲苯	116
新戊烷	116	二甲苯	117
異辛烷	100	甲基三級丁基醚	116

四乙基鉛 $[(C_2H_5)_4Pb]$ 為早年台灣高級汽油中所添加的添加物，其主要作用為提高汽油的辛烷值，為早期以鑄鐵製造的汽油引擎之排氣門閥座提供額外的保護，然而汽油燃燒後所產生的鉛排放到空氣中，導致空氣中含鉛量過高。鉛被人體吸入會導致中樞神經麻痺，尤其危險的是它可能會傷害腦部以及周邊神經系統。鉛對於任何人都會造成影響，醫學報導已證實，過量鉛可能會引起兒童腎臟病變或是終身學習不良。

例 題 4-2

92,95,98 汽油的差異？

答

92,95,98 汽油的差異是在辛烷值佔油體積的百分比
92 汽油 - 相當於體積 92% 異辛烷及 8% 正庚烷
95 汽油 - 相當於體積 95% 異辛烷及 5% 正庚烷
98 汽油 - 相當於體積 98% 異辛烷及 2% 正庚烷

✏️隨堂練習

4-2　95 無鉛汽油中，異辛烷的體積佔 95% 及正庚烷的體積佔 5% 是正確的嗎？

4-2 化學電池

化學電池是一種利用氧化還原反應將化學能轉換成電能的裝置。以鋅銅電池 (圖 4-8) 為例說明，鋅銅電池是一種以鋅為負極 (即是氧化反應的陽極)；銅為正極 (即是還原反應的陰極)；分別以硫酸鋅與硫酸銅為電解液的化學電池。兩極之間以一 U 型管鹽橋做溝通橋樑。電池經導線電路放電提供電能；而鹽橋內陰陽離子游動，來溝通電路，保持溶液的電中性。活性較大的金屬鋅失去電子形成鋅離子，鋅棒變輕，硫酸鋅電解液中鋅

離子濃度會增加，因電子流出鋅棒當電池的負極。活性較小的金屬銅當電池的正極，銅離子得到電子而析出，銅棒變重，銅離子濃度則減少，原本是藍色硫酸銅溶液顏色變淡。以下為鋅銅電池的負，正極半反應及總反應式

負 (陽) 極半反應：$Zn_{(s)} \rightarrow Zn^{2+}_{(aq)} + 2e^-$

正 (陰) 極半反應：$Cu^{2+}_{(aq)} + 2e^- \rightarrow Cu_{(s)}$

總反應：$Zn_{(s)} + Cu^{2+}_{(aq)} \rightarrow Zn^{2+}_{(aq)} + Cu_{(s)}$

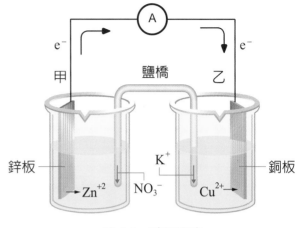

圖 4-8　鋅銅電池

一、乾電池

又稱為**勒克朗社電池或碳鋅電池**，價格便宜，是使用上最普遍的電池，電壓為 1.5 伏特，屬於不可再充電的一次電池。負 (陽) 極：鋅殼；正極 (陰) 極：碳棒 (石墨)，碳棒不參與反應只負責傳遞電子；電解質包含二氧化錳、氯化銨、氯化鋅、石墨粉、澱粉與少量水之糊狀物。其放電 (電池) 的總反應如下：

$$Zn_{(s)} + 2MnO_{2(s)} + 2NH_4Cl_{(aq)} \rightarrow Zn(NH_3)_2Cl_{2(aq)} + Mn_2O_{3(s)} + H_2O_{(l)}$$

乾電池 (圖 4-9) 最佳儲存方式為放置於陰涼乾燥的環境中，以避免陽極的金屬鋅受腐蝕並造成嚴重的自放電情形，勿破壞鋅錳乾電池的良好密封度，倘若密封被破壞，電解液中的水分會蒸發，使得電池無法放電；避免電池長時間放在電器內，可能會造成漏電或電解液漏出造成電器損壞。

二、鹼性電池

指使用鹼性電解液的電池，電壓為 1.5 伏特，屬於不可再次充電的一次電池。正極 (陰) 極：二氧化錳，負 (陽) 極：鋅；電解質：氫氧化鉀取代乾電池的氯化銨，放電量較大，電壓穩定壽命長。其放電 (電池) 的總反應：

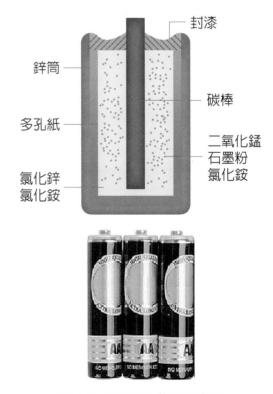

圖 4-9　乾電池的構造示意圖

$$Zn_{(s)} + 2OH^-_{(aq)} \rightarrow ZnO_{(s)} + H_2O_{(l)} + 2e^-$$

$$2MnO_{2(s)} + H_2O_{(l)} + 2e^- \rightarrow Mn_2O_{3(s)} + 2OH^-_{(aq)}$$

由於鹼性電池 (圖 4-10) 目前被普遍使用，造成的現象就是大量生產但品質控管不穩定，建議大家選購品質可靠有商譽的鹼性電池，避免買到品質不良的電池。

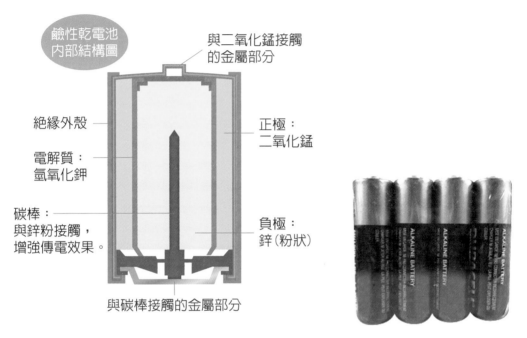

鹼性乾電池內部結構圖

與二氧化錳接觸的金屬部分

絕緣外殼

電解質：氫氧化鉀

碳棒：與鋅粉接觸，增強傳電效果。

正極：二氧化錳

負極：鋅（粉狀）

與碳棒接觸的金屬部分

圖 4-10　鹼性電池的構造示意圖

三、鉛蓄電池

電壓 2 伏特，一般汽機車電瓶 12 伏特，即需要 6 個鉛蓄電池串聯。

屬於可再充電的二次電池。正極 (陰) 極：二氧化鉛 (PbO$_2$)，負 (陽) 極：鉛 (Pb)；電解液：30% 至 40% 硫酸溶液；放電時，兩電極均產生難溶於水的硫酸鉛 (PbSO$_4$)，以至於兩極變重，因此硫酸濃度減少，電池效能也隨之降低。充電時，正極二氧化鉛接外加直流電源正極，負極鉛接電源負極，迫使反應逆向進行。

放電 (電池) 的總反應：

$$Pb_{(s)} + PbO_{2(s)} + 2H_2SO_{4(aq)} \rightarrow 2PbSO_{4(s)} + 2H_2O_{(l)}$$

充電 (電池) 的總反應：

$$2PbSO_{4(s)} + 2H_2O_{(l)} \rightarrow Pb_{(s)} + PbO_{2(s)} + 2H_2SO_{4(aq)}$$

目前汽車對鉛蓄電池 (圖 4-11) 的使用率基本達到 99%；國內約 90% 的電動自行車也是使用鉛蓄電池，成為增速最快的兩大的市場，鉛蓄電池市場仍存有巨大潛力。

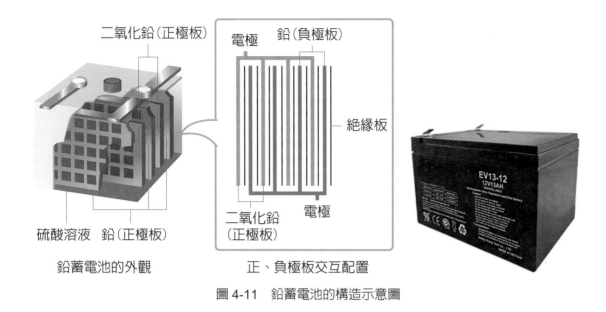

二氧化鉛（正極板）
電極　鉛（負極板）
絕緣板
電極
二氧化鉛
（正極板）
硫酸溶液　鉛（正極板）

鉛蓄電池的外觀　　　　　　正、負極板交互配置

圖 4-11　鉛蓄電池的構造示意圖

四、鋰離子電池

電壓約 3.6 伏特，屬於可再充電的二次電池。正極 (陰) 極：鋰離子的過渡金屬氧化物，負 (陽) 極：石墨與鋰金屬複合材料；電解液：鋰離子的有機溶液，或以可通過離子的高分子隔膜取代電解液。放電時負極鋰金屬失去電子成鋰離子；充電時鋰離子移至負極得到電子成鋰金屬而與石墨複合。鋰離子電池 (圖 4-12) 的應用幾乎無所不在，包括智慧手機、穿戴式裝置、無人機、電動汽車、電力系統穩壓器，甚至噴射機中都可以看得到相關應用。

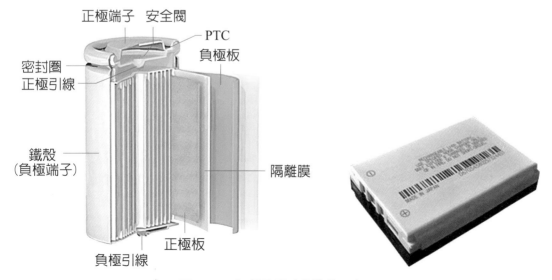

正極端子　安全閥
PTC
負極板
密封圈
正極引線
鐵殼
（負極端子）
隔離膜
正極板
負極引線

圖 4-12　鋰離子電池的構造示意圖

　　鋰離子電池優點爲能量密度高，表示相同體積下，蓄電容量高、重量輕、不需定期充放電，延長電池壽命、自放率低、沒有記憶效應，充電前不需先放電、電壓高 (3.6V)，可提供較大的電流；缺點爲需要保護電路，防止過度充電或過度放電，以維護安全，即使沒有使用時，一般建議至少保留 40% 電量。

　　放電 (電池) 的總反應：

$$Li_xC_{6(s)} + Li_{1-x}CoO_{2(s)} \rightarrow C_{6(s)} + LiCoO_{2(s)}$$

五、燃料電池

　　以氫、甲醇、甲烷等物質爲燃料的電池 (圖 4-13)，只補充燃料不需充電，以氫氧燃料電池爲例：氫氧燃料電池電壓約 0.7 ～ 1 伏特，能量轉換效率比火力發電高；以碳棒塗鉑或鎳爲電極；負 (陽) 極：通入氫氣，正 (陰) 極：通入氧氣；電解質：酸性或鹼性水溶液，也有以能通過氫離子的質子交換膜取代電解液。

　　總反應：$2H_{2(g)} + O_{2(g)} \rightarrow 2H_2O_{(l)}$

　　燃料電池優點在於透過穩定供應氧和燃料來源，即可持續不間斷的提供穩定電力，直至燃料耗盡，不像一般非充電電池一樣用完就丟棄，也不像充電電池一樣，用完須充電。缺點爲造價太高，固、液、氣三相接觸困難，避免氫氣遇火易爆炸之特性的容器安全維護。

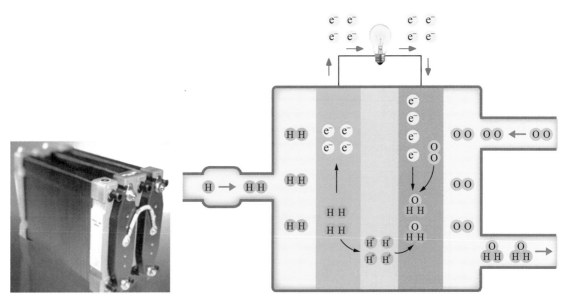

圖 4-13　燃料電池的構造示意圖

六、水銀電池

電壓約 1.35 伏特，負 (陽) 極：金屬鋅，正 (陰) 極：氧化汞，電解質：氫氧化鉀，不可充電。外型以鈕扣型居多。優點爲電壓穩定；缺點爲汞屬於重金屬，具高汙染性，甲基汞即爲水俁病 (Minamata Disease) 之致病原因。水銀電池 (圖 4-14) 應用於精密儀器，如：手錶，相機等。

放電 (電池) 的總反應：

$$Zn_{(s)} + HgO_{(s)} \rightarrow Hg_{(l)} + ZnO_{(s)}$$

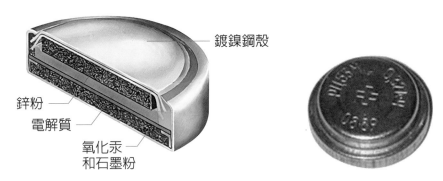

圖 4-14　水銀電池的構造示意圖

七、鎳鎘電池

電壓約 1.2 伏特，負 (陽) 極：鎘，正 (陰) 極：氫氧化鎳，電解液：氫氧化鉀。優點爲放電時電壓變化不大，缺點爲要完全放電之後再充電，才不會有記憶效應。鎘屬於重金屬，具高汙染性，鎘中毒會導致骨質疏鬆症及腎功能衰竭，患者的關節和脊骨會極度痛楚，故鎳鎘電池 (圖 4-15) 使用後必須回收處理。

放電 (電池) 的總反應：

$$Cd_{(s)} + 2Ni(OH)_{3(s)} \rightarrow Cd(OH)_{2(s)} + 2Ni(OH)_{2(s)}$$

使用化學電池應注意的事項：電池的種類繁多，性能與保養的方法各不相同，在購買前應先了解其特性，才能充分發揮其功能。某些種類的電池用的電極或電解液有汙染環境的缺點，應注意使用後的回收，目前有許多便利商店及電器商均可回收廢電池。

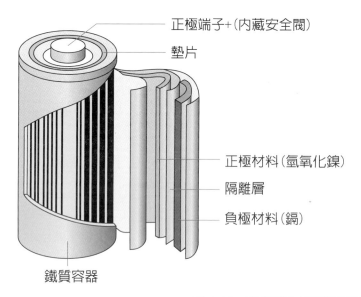

正極端子+（內藏安全閥）

墊片

正極材料（氫氧化鎳）

隔離層

負極材料（鎘）

鐵質容器

圖 4-15　鎳鎘電池的構造示意圖

學習加油站 －水果電池

　　你知道水果可以發電嗎？水果電池發電的主要原理是利用水果中酸性氫離子等電解質，如果以活性大小不同的兩種金屬，如：鋅和銅插入水果中，活性較大的鋅（負極），會釋放出電子，再經由外電路流到活性較小的銅（正極），因而形成迴路發電。反應式如下：

負極：$Zn + H_3C_6H_5O_7 \rightarrow ZnHC_6H_5O_7 + 2H^+ + 2e^-$

正極：$2H^+ + 2e^- \rightarrow H_2$

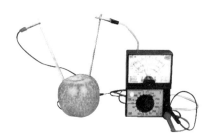

 **能源**

　　能源的種類分為兩大類：非再生能源與再生能源。**非再生能源**即使用過後無法再重複使用的消耗性能源，包括：煤、石油、天然氣、鈾等。而使用鈾做為核能發電的原料，雖然可以產生大量的電力，但可能會造成巨大的意外，例如：日本三一一大地震後續所造成的福島核電廠事故，其影響十分巨大且深遠。**再生能源**是指「天然過程中產生得到且取之不盡的大自然能量來源，而能量消耗後產生之物質不會對環境造成汙染」。目前，人們所使用的再生能源技術包括太陽能、風能、地熱能、水力能、海洋能及生質能。面對地球環境日趨惡化，以及化石能源面臨枯竭的危機，「再生能源」已經成為眾所矚目的焦點。由於目前地球上的非再生能源蘊藏量日益減少，因此在開源節流的概念下，除了節省不必要的能源使用外，更重要的是發展再生能源。

　　除了核能發電外，台灣目前大多都是使用進口的煤、石油、天然氣，作為發電以及運輸工具之燃料，但其排碳量也較大。因此，使用再生能源最大的優點就是可以提高台灣的能源自主率，減少化石燃料的進口。另外，使用再生能源的排碳量相對來說較低，因此可以減緩溫室效應。當然，發展再生能源也不是完美無缺的，也應考量到缺點，例如：使用再生能源發電，與目前使用的火力發電相比較，其能量密度較低，且成本較高。此外，再生能源發電量較不穩定，常常會受到天候影響，因此供電品質相較於傳統的火力發電差；而開發再生能源，也可能對於環境有負面或是潛在的影響。

4-3-1 核能

　　核能是蘊藏於原子核內部的強大能量，可經由**核分裂**或**核融合**釋放出來。在核分裂時 (圖 4-16)，用慢中子 (neutron，^1_0n) 撞擊重原子核，如：鈾 -235($^{235}_{92}U$) 重核分裂成兩個較輕的新原子核，同時也產生新的中子，這些中子又繼續撞擊其他鈾 -235 原子核，引發連續核反應的連鎖反應。而核融合是在極高溫、高壓條件下由兩個或兩個以上較輕的原子核，如：氘 (讀音ㄉㄠ，符號 D 或 ^2_1H) 和氚 (讀音ㄔㄨㄢ，符號 T 或 ^3_1H) 的原子核，融合成較重原子核的反應。這兩種過程中都會產生巨大的能量，稱為核能。核融合能釋放巨大的能量，太陽的能量也是由核融合產生的，但由於科學家仍未能有效控制核融合過程，目前所有核電廠 (圖 4-17) 都經由核分裂發電。核燃料能量密度較高，故核電廠所使用的燃料體積小，運輸與儲存都很方便，故運作成本較低。缺點為核電廠的反

應器內有大量的放射性物質，如果在發生事故中釋放到外界環境，會對生態及民眾造成嚴重傷害，包括基因突變、新生缺陷、癌症、白血病，以及造成生殖、免疫、心血管以及內分泌系統機能障礙等，影響更會遺傳至下一代。核電廠排放廢熱到出海口，造成水溫上升，而產生畸形魚(俗稱秘雕魚)及珊瑚白化現象，嚴重影響環境生態，而核廢料處理也是棘手的問題。

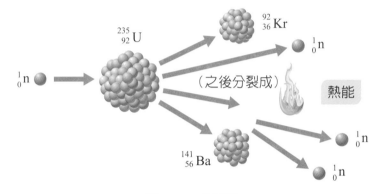

圖 4-16　核分裂

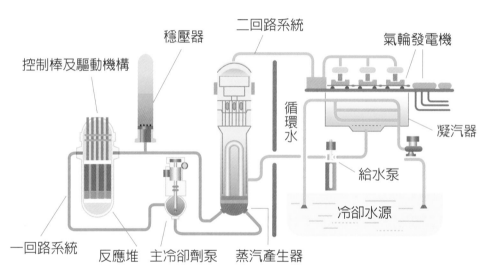

　　　　　　　　　　　　　　　　　　圖 4-17　核三廠的結構

4-3-2　太陽能及其他再生能源

一、太陽能

　　太陽能可以釋放出**熱能**及**光能**兩種能量，目前比較常見的應用有太陽能熱水器 (圖 4-18)、太陽熱能發電、太陽電池等三種。前面兩種是依熱能來產生能量，太陽能電池 (圖 4-19) 則是利用光能來產生電能。使用太陽能發電的優點有很多，像是太陽光的照射範圍很寬廣，因此有陽光照射之處就可以使用。此外，太陽提供源源不絕的能量可供長期使用，不必擔心來源匱乏，更重要的是，太陽能發電的過程是不會汙染環境。

圖 4-18　太陽能熱水器

　　雖然使用太陽能作為發電的來源看似方便、環保，但缺點為太陽能的能量密度低，需要一大片土地面積來架設太陽能板以收集足夠使用的太陽能，再加上天候因素以及地球自轉的關係，太陽的能量來源不穩定 (陰雨天以及夜晚太陽能來源缺乏)，無法長時間穩定製造提供電能，雖然有貯存裝置，但考量到成本及技術，具體應用仍不夠理想。

圖 4-19　太陽能電池

二、風力能

　　風力能就是將風能藉由風車轉換為機械能。風力發電 (圖 4-20) 是透過風力推動風車葉片運轉，葉片轉動後帶動發電機產生電力。風力發電過程中完全不需要消耗燃料。台灣四面環海，冬季有旺盛的東北季風，是一個非常適合發展風力發電的國家。缺點為風力發電中，會有少部分的能量耗損，因此無法完全的將風能轉化為電能，台灣的風力供應也較不穩定，使用風力能的同時也有潛在的影響，例如：風扇轉動時所產生的低頻噪音及炫影，也會對當地居民身心健康及自然生態產生干擾。

三、地熱

　　地球內部蘊藏巨大的熱能，在探勘的過程中，可將油氣探勘技術應用於開採地熱上。若利用產生的熱能將水加熱成水蒸氣以推動渦輪機來發電就是所謂的地熱發電(圖 4-21)。缺點為使用地熱的成本較高，初期的探勘、鑽井費用十分昂貴，開發的過程中也有可能影響環境生態。此外，地熱能源供給量目前難以精密估計，總發電量就較難掌控了。台灣宜蘭舊有清水地熱發電廠從 1993 年關廠，因早期技術與發電設備，無法克服地熱碳酸鈣卡垢問題，造成發電量下降。2021 年清水地熱發電廠新建機組重新運轉，每年發電量為 2500 萬度，可供 1 萬多戶使用。

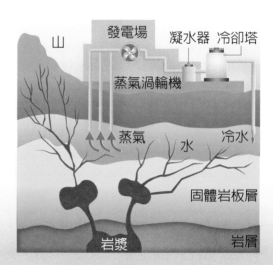

圖 4-21　地熱發電示意圖

圖 4-20　風力發電

四、水力能

　　水力發電的原理，簡單來說就是將水的位能轉換為動能，水從高水位往低水位流，水流經渦輪機發電機後水流推動渦輪機使之旋轉，帶動發電機發電 (圖 4-22)。建造的水庫可以減少洪水的氾濫，並提供灌溉用水。水力是目前發展較成熟的再生能源之一，利用水力的發電技術相對簡單且完備。缺點為建造水壩卻會破壞當地的豐富生態，對原有環境的破壞是永久不可逆的。

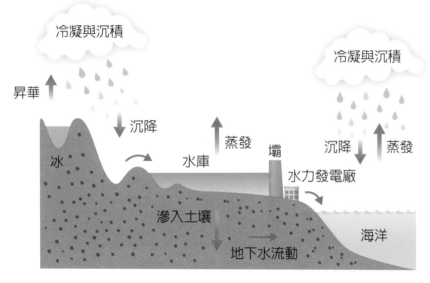

圖 4-22　水力發電示意圖

五、生質能

　　生質能是指有機物經由化學反應，轉換成的能源形式。可直接充當燃料，或間接轉化至較方便運輸之 (液體) 燃料，原料來源廣泛亦不匱乏，也可減少對環境的負擔。例如：玉米 (圖 4-23) 經發酵製造出乙醇，再加入汽油中做為汽車的燃料，目前台灣生質能發電應用也有運用垃圾焚化發電，已成為我國多數焚化廠之營運常態，除了供廠內本身使用外，其剩餘電力還可販售給台電公司，並可以輔助解決夏季用電尖峰期間電力不足之窘境，更可以達到垃圾焚化資源回收處理的目標。缺點為使用生質能時的原料，可能會有儲存上的問題，而且其轉換的成本較高，有些能源沒辦法立即迅速使用，像沼氣需要醞釀、考慮運輸和成本問題、使用地點限制大。

FOOD　　　　　　　　　　　　FUEL

圖 4-23　玉米除了可以當糧食也可當生質能的燃料

六、海洋能

　　地球約 70% 的面積是被海洋覆蓋著，海洋能發展潛力十分高、所含能源量大、可再生且無汙染問題的再生能源之一。我們可以利用洋流的流動推動發電機來發展海洋發電；可以利用太陽、月球與地球的相對關係所造成的潮汐，藉由海水水位的變化來發展潮汐發電；可以利用淺層與深層海水的溫度差異，來進行溫差發電。缺點為需要建造在海洋的發電廠 (圖 4-24) 成本較高且技術較困難，材料易腐蝕，可能對環境產生新的影響。

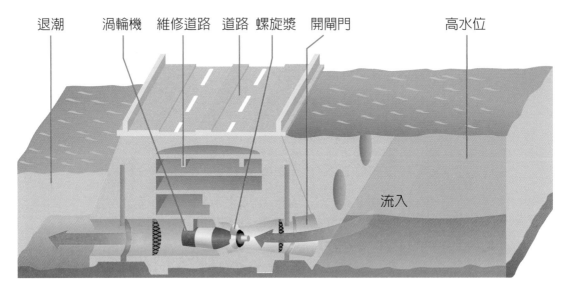

圖 4-24　海洋發電廠示意圖

CHAPTER 5

生活中的化學

5-1 食品

5-2 藥物與毒物

5-3 衣料與介面活性劑

5-4 材料與化工

5-1　食品

　　食物是人體生長發育、更新細胞、修補組織、調節機能所不可或缺的營養物質，也是產生熱量、保持體溫及進行各種活動的能量來源。國民健康署指出均衡飲食爲維持健康的基礎，「均衡飲食」爲每日由飲食中獲取身體所需且足量的各種營養素，且吃入與消耗的熱量達到平衡。六大類營養素包括：**醣類**、**蛋白質**、**脂質**、**礦物質**、**維生素**及**水**。(圖 5-1)

圖 5-1　飲食均衡金字塔

5-1-1　醣類

　　醣類主要來源是五穀根莖類食物，主要功能爲提供身體所需的能量，每公克的醣類可以產生 4 大卡的熱量。醣類由碳 (C)、氫 (H)、氧 (O) 三種元素所構成，分子式：$C_m(H_2O)_n$，故俗稱**碳水化合物**。但實際上，水分子不存在於醣類的結構中。其依化學結構的不同，醣類可以分爲單醣、雙醣、寡醣及多醣四大類，分別敘述如下：

一、單醣 ($C_6H_{12}O_6$)

　　單**醣**因無法水解爲更小的碳水化合物，因此是醣類中最小的分子。常見的有**葡萄糖**、**果糖**及**半乳糖**等。具甜味，溶於水且會結晶，三者的分子式同爲 $C_6H_{12}O_6$，但結構式及性質不同，稱爲同分異構物。(圖 5-2)

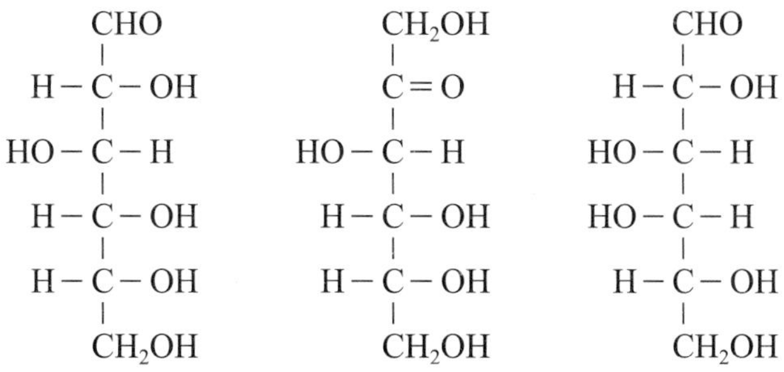

$$
\begin{array}{ccc}
\text{CHO} & \text{CH}_2\text{OH} & \text{CHO} \\
\text{H}-\text{C}-\text{OH} & \text{C}=\text{O} & \text{H}-\text{C}-\text{OH} \\
\text{HO}-\text{C}-\text{H} & \text{HO}-\text{C}-\text{H} & \text{HO}-\text{C}-\text{H} \\
\text{H}-\text{C}-\text{OH} & \text{H}-\text{C}-\text{OH} & \text{HO}-\text{C}-\text{H} \\
\text{H}-\text{C}-\text{OH} & \text{H}-\text{C}-\text{OH} & \text{H}-\text{C}-\text{OH} \\
\text{CH}_2\text{OH} & \text{CH}_2\text{OH} & \text{CH}_2\text{OH} \\
(a) & (b) & (c)
\end{array}
$$

圖 5-2　(a) 葡萄糖結構式　(b) 果糖結構式　(c) 半乳糖結構式

　　植物可經由光合作用產生葡萄糖，並儲存在根、莖、果實裡；果糖主要存在於水果和蜂蜜中，為甜度最高的天然糖；而半乳糖可以在奶製品或甜菜中找到，大部分的嬰兒配方奶含有乳糖為醣類來源，而乳糖是製造半乳糖的材料，是母乳中重要的成份，是嬰兒神經纖維必要的組成之原料。

　　細胞會利用氧氣，將葡萄糖分解以產生能量，並釋出 CO_2 和 H_2O，此為有氧呼吸，反應式表示為：

$$C_6H_{12}O_6 + 6O_2 \rightarrow 6CO_2 + 6H_2O + 能量$$

　　單醣無需消化就可直接吸收與利用，所以能在人體快速釋放能量，為身體提供能量。

二、雙醣 ($C_{12}H_{22}O_{11}$)

　　雙醣是由兩個分子的單醣脫去一分子的水而得。常見的**蔗糖**、**麥芽糖**及**乳糖**即為雙醣，三者亦互為同分異構物 (圖 5-3)。

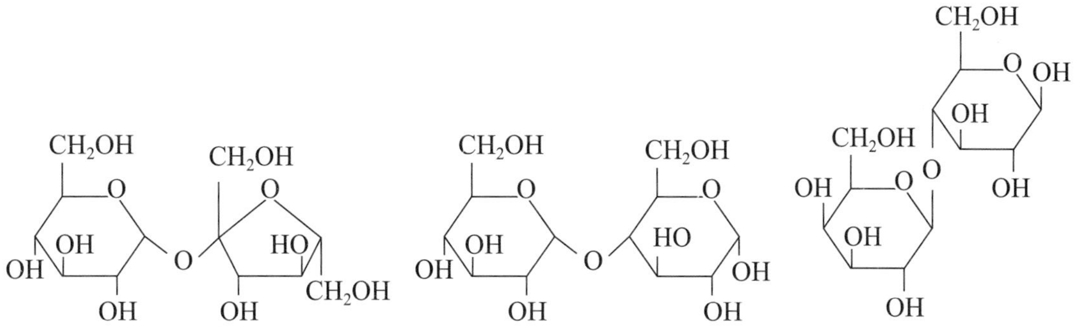

(a)　　　　　　　　(b)　　　　　　　　(c)

圖 5-3　(a) 蔗糖結構式　(b) 麥芽糖結構式　(c) 乳糖結構式

蔗糖存在於甘蔗、甜菜等帶甜味的蔬菜、水果中；麥芽糖主要來自澱粉水解的中間產物及穀類的發酵產品中；乳糖在自然界中僅存在於哺乳動物的乳汁中，甜度約為蔗糖的五分之一，幼小哺乳類動物的腸道能分泌出乳糖酶以分解乳糖為單醣。

表 5-1　為蔗糖、麥芽糖及乳糖的組成分子

雙醣	組成分子
蔗糖	（葡萄糖 + 果糖）
麥芽糖	（葡萄糖 + 葡萄糖）
乳糖	（葡萄糖 + 半乳糖）

三、寡醣 $(C_6H_{10}O_5)_n$

寡醣又稱為低聚醣，由 3 ～ 10 個單醣分子聚合而成。口感與一般糖類相近，但是甜度及能量只有蔗糖的 20 ～ 70%，常見的寡醣有果寡糖、棉子糖及木寡糖等。

果寡糖是一種天然的寡糖，大分子、低熱量，很難被人體吸收利用，但對人體較無負擔，還可以促進腸胃蠕動，增加消化道機能；棉子糖是由半乳糖、葡萄糖及果糖 3 個單糖縮合而成，具有整腸及提高免疫力等多種功能；木寡糖甜味約為蔗糖的 40%，可作為體內益菌生長繁殖的飼料，進而壓抑有害菌種的生存空間，促成腸道菌叢生態健全。

雖然寡醣是甜的，但因為分子較大，細菌不容易分解利用，所以較不會引起蛀牙。因為寡糖較難消化，攝取後血糖值不會增高，對於糖尿病患及怕胖又想吃甜者可適量攝取。

四、多醣 $(C_6H_{10}O_5)_n$

多醣類是由很多單醣脫去水分子結合而成的巨大分子聚合物。常見的有：用來儲存能量的**澱粉**、**肝醣**及用來組成生物結構的**纖維素**、健康食品常添加的山梨醇及木糖醇是對身體較無負擔的代糖。

澱粉是由葡萄糖所組成的多醣，常見於小麥、玉米及木薯等主食中，在人體內會被分解成葡萄糖吸收；肝醣通常存在於動物體內，在人體中主要是由肝臟及肌肉細胞產生與儲存。當生物體血糖降低時，肝醣會透過水解作用產生葡萄糖來補充，並藉此維持血糖之濃度。纖維素是由葡萄糖組成的大分子多醣，為植物細胞壁的主要成分，因為人體消化道內不存在纖維素酶，所以不能消化纖維素，但纖維素可吸附大量水分，增加糞便量，促進腸蠕動，甚至可以降低大腸癌發生的風險。

例 題 5-1

下列有關醣類的敘述，何者正確？

(A) 醣類稱為碳水化合物，是由碳原子與水分子組成的化合物

(B) 葡萄糖是單醣，蔗糖是雙醣，所以蔗糖的分子量是葡萄糖的兩倍

(C) 澱粉與纖維素皆屬於多醣，其分子式相同，所以互為同分異構物

(D) 麥芽糖水解會得到葡萄糖

答 (D)

(A) 醣類無法由碳原子與水分子組成

(B) 2 個單醣需脫水才能形成雙醣，所以蔗糖的分子量 = 果糖分子量 (180) + 葡萄糖分子量 (180) － H_2O 分子量 (18)

(C) 澱粉與纖維素皆屬於多醣，但分子式不同 (碳的個數不同)，所以不是同分異構物

✏️ 隨堂練習

5-1 下列何種糖**不是**其他三種糖的同分異構物？

(A) 葡萄糖　(B) 蔗糖　(C) 果糖　(D) 半乳糖。

學習加油站 —代糖

代糖是一種由化學方法做出來的人工甜味劑，其特性為低熱量、具甜味且不影響血糖，可以帶給糖尿病患者很大的便利性。可根據產生熱量與否分為兩種，無熱量甜味劑即所謂的人工甘味劑，常見的有糖精、阿斯巴甜；有熱量的如：山梨醇及木糖醇等。國際癌症研究機構將甜味劑「阿斯巴甜」納入第 2B 級致癌物！代糖飲料一天不可以超過 9 罐。國際癌症研究機構將致癌物分為 4 級，對於 2B 類致癌物定義為：對人體致癌的可能性較低，在動物實驗中發現的致癌性證據尚不充分，對人體的致癌性的證據有限。

近年來包括牙醫師也在推廣嚼食「無糖口香糖」的觀念，無糖口香糖是含有一種木糖醇成分，咀嚼會有甜味，但是卻不含糖，經過咀嚼，就會刺激分泌大量的口水，達到中和口腔酸性的效果。最特別的是，無糖口香糖雖然有甜味，但卻不會被牙菌斑分解，減少蛀牙的機會。一般

木糖醇口香糖

口香糖含有很多糖份，咀嚼後會讓口腔呈現酸性環境，等於提供細菌生長最好的食物來源，就會造成蛀牙。口腔內的細菌從牙齒上攝取「養分」時，如果吃到木糖醇即無法消化，一旦沒有攝取到營養，就無法繁殖與生存，便逐漸衰減，這就是木糖醇口香糖的功能。

5-1-2　蛋白質

蛋白質是由多個胺基酸 (圖 5-4) 組成的天然聚合物，主要含有碳 (C)、氫 (H)、氧 (O)、氮 (N) 及少量的硫 (S) 等元素，生物體內的肌肉、毛髮、激素、酵素等皆由蛋白質組成。人體內蛋白質的種類、性質、功能各異，但都是由 20 多種胺基酸按不同比例、數目及不同排列順序組合而成的。

$$
\begin{array}{c}
\text{H} \\
| \\
\text{R} - \text{C} - \text{COOH} \\
| \\
\text{NH}_2
\end{array}
$$

圖 5-4　胺基酸的共同結構式

因為動物自身無法合成所有的胺基酸，所以部分胺基酸必須透過飲食中攝取，稱為**必需胺基酸**。攝取的蛋白質經過消化、水解成胺基酸，吸收後再重新組合成人體所需的蛋白質。

蛋白質遇熱、酸、鹼、重金屬離子及有機溶劑等時會凝固成白色軟固體，會發生性質上的改變，這種不可逆的變化稱為**蛋白質變性** (圖 5-5)。另外可以透過**薑黃蛋白反應** (圖 5-6) 來檢驗蛋白質的存在，當蛋白質與濃硝酸混合加熱後會呈現黃色。

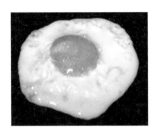
圖 5-5　蛋白質變性

圖 5-6　薑黃蛋白反應

5-1-3　脂肪

　　脂肪主要是由 3 個脂肪酸和 1 個甘油 (丙三醇) 所組成的三酸甘油酯 (圖 5-7)，來源可以分為固態的**動物性脂肪** (如：豬油、牛油) 及液態的**植物性脂肪** (如：花生油、大豆油)。

圖 5-7　3 個脂肪酸和 1 個甘油酯化成三酸甘油酯的反應式

例題 5-2

脂肪主要是由 3 個脂肪酸和 1 個甘油 (丙三醇) 所組成的三酸甘油酯，請問此反應會脫去幾個水分子？

(A)1 個　(B)2 個　(C)3 個　(D)4 個

答 (C)

隨堂練習

5-2　脂肪的最小單位？

(A) 胺基酸　(B) 葡萄糖　(C) 脂肪酸　(D) 甘油。

甘油酯中 R_1、R_2、R_3 可能相同或不同，也可能是飽和或不飽和基。自然界的脂肪酸以 16、18 個 C 最普遍，即 $C_{15}H_{31}COOH$(十六酸) 及 $C_{17}H_{35}COOH$(十八酸) 最常見。碳鏈若為不飽和 (雙鍵較多)，常溫下為液體，如大部分的植物性的酯類。碳鏈若為飽和，常溫下為固體，如動物性的酯類。而脂肪的不飽和度可以用**碘價**作表示。不飽和脂肪的 C = C 鍵可與碘反應，每 100 克脂肪所能吸收碘的克數，稱為該脂肪的碘價。碘價愈高，表示油脂所含的不飽和脂肪酸愈多。另外液態油類在催化劑 (Ni、Pt) 的存在下，加壓、加熱可以與氫 (H_2) 起加成反應，生成固態的油脂，這種反應稱為油脂的氫化 (硬化)。但這些氫化的過程可能造成**反式脂肪酸** (trans fatty acids)，增加罹患心血管疾病的風險。

脂肪的功能有儲存能量、構成生物膜、保溫、保護臟器及吸收脂溶性維生素 A、D、E、K 等。脂肪攝取不足可能會引發賀爾蒙失調，還會引響消化與營養的吸收，而過度則可能發胖及提高罹患心血管疾病的風險等，宜攝取適量為最佳。脂肪的特性是中性物質，比水輕，不溶於水，但可溶於苯、乙醚、氯仿等有機溶劑。長久暴露在空氣中會被氧化成黃色，產生特殊氣味，並呈**酸性**，稱為油脂的酸敗。

5-1-4　茶與咖啡

茶與咖啡都是受到大眾喜愛的飲品，兩者都含有**咖啡因** (圖 5-8) 的成分，具有提神的功能。但飲用過多，會引起失眠、消化系統潰瘍等負作用，故應適可而止，避免產生其他副作用。

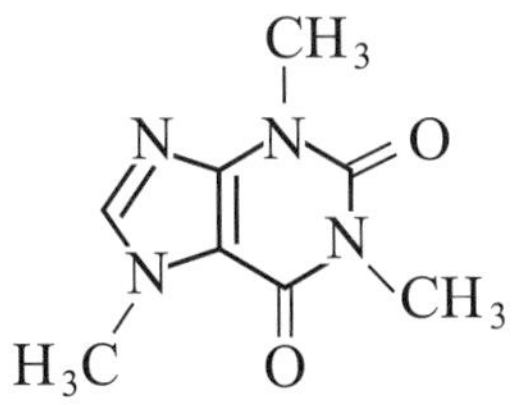

圖 5-8　咖啡因結構式

一、茶

　　茶葉中的有機化合物包括茶多酚、咖啡因、茶鹼、纖維素及多種維生素等，茶的顏色、香氣、口感及品質會受到茶葉種類、製作程序以及沖泡的水質、水溫、水量和時間而有所不同。

　　茶一般可依據加工方法及發酵程度不同而導致多酚類氧化程度不同，進而分成 3 大類：未發酵茶 (如：綠茶)、半發酵茶 (如：包種茶、烏龍茶)、全發酵茶 (如：紅茶)。

　　茶中的苦澀味道來自於**茶多酚**，而茶多酚中最重要的成分是**兒茶素**。茶多酚可以抗衰老、解毒、解便秘、防輻射等，多酚類物質的水溶性產物主要是影響茶色「亮」成分的茶黃素、茶色「紅」的茶紅素及茶色「暗」的茶褐素。兒茶素具有抗氧化、調整膽固醇、增加新陳代謝率等作用，一般來說，發酵程度愈深，成茶的兒茶素類總含量愈低 (表5-2)。

表 5-2　茶葉兒茶素及咖啡因比較

種類	綠茶 (未發酵茶)	烏龍茶 (半發酵茶)	紅茶 (發酵茶)
兒茶素	最多	多～中等	最少
咖啡因	最少	中等	最多

例 題 5-3

兒茶素是一種抗氧化劑，可以清除體內自由基，有益於預防心血管疾病，下列何種茶所含的兒茶素最多？

(A) 綠茶　(B) 烏龍茶　(C) 紅茶。

答 (A)

✏ **隨堂練習**

5-3 若是需要熬夜，下列何種茶最為提神？
(A) 綠茶　(B) 烏龍茶　(C) 紅茶。

二、咖啡

　　咖啡是採用經過烘焙過程的咖啡豆所製作沖泡出來的飲料，農業種植程序、烘焙處理程序以及沖煮程序都會影響到咖啡的化學成分。

　　咖啡的主要成分包括：咖啡因、丹寧酸、脂肪、蛋白質等，咖啡因有特別強烈的苦味，會刺激中樞神經系統、心臟和呼吸系統。適量的咖啡因可以提神，消除疲勞，刺激消化液分泌並有利尿作用，但攝取過多會導致咖啡因中毒。

學習加油站－食品加工與保存

　　食品加工的目的是在控制微生物和酵素的生長環境，如溫度、溼度、酸鹼度，進而延長食物保存的時間。保存方法有低溫冷凍法、乾燥法、低溫殺菌法、高溫殺菌法及醃漬法等，分別敘述如下：

　　低溫冷凍法 (如：冷凍水餃、湯圓) 是將食物凍結於 -18°C 以下，使微生物無法生長，酵素停止作用。乾燥法 (如：肉乾、果乾) 使微生物、酵素缺乏水分，無法活動。低溫消毒法 (如：果汁、鮮奶) 以低於 100°C 以下的溫度加熱極短的時間，然後立刻冷卻至 4 ～ 5°C。由於沒煮沸，因此能保留風味與營養物質，但不能完全滅菌，因此必須存放在 5°C 以下的空間。高溫殺菌法 (如：保久乳、罐頭) 以 100°C 以上的溫度殺死微生物、破壞酵素，使食品為無菌狀態。醃漬法 (如：蜜餞、榨菜) 利用高濃度的糖或鹽，降低微生物可使用的水分以抑制其生長。

　　發酵為利用微生物將原料轉換成產品的過程。依發酵所產生的主要生成物可分為酒精發酵、乳酸發酵及醋酸發酵等。發酵的好處有延長食品的保藏期限、增加食品風味及提高營養成分等。

5-2　藥物與毒物

　　人類早期多從自然界中找尋治療疾病的方法，當今許多藥物則是從天然物萃取或是以化學方法合成而來藥物，可分為化學合成的化學藥物及以生物技術開發的生物藥。

　　一個新藥的誕生，由實驗室發掘新成分、評估作用機轉、量化生產、劑型設計、動物毒理試驗、臨床試驗到上市應用於治療，研發時程長達 10 ～ 15 年，所耗資金達 150 ～ 200 億台幣，以下為新藥的研發流程 (圖 5-9)。

- 一期臨床 20-100 例，正常人，主要進行安全性評價。
- 二期臨床 100-300 例，病人，主要進行有效性評價。
- 三期臨床 300-5000 例，病人，擴大樣本量，進一步評價。

圖 5-9　新藥的研發流程

　　藥物是用於預防、治療、診斷疾病及改善精神狀態的化學物質，有些藥物會產生依賴性和習慣性，且大部分的藥物均有副作用。本節將介紹一些常用的藥物及普遍度較高的毒品。

5-2-1　常用藥物

一、胃藥

　　胃藥的功能大致可以分為**制酸劑**(中和胃酸)、**胃酸分泌抑制劑**(抑制胃酸分泌)及**細胞黏膜保護劑**(保護胃壁)。常用的胃藥為制酸劑(如：氫氧化鎂、碳酸氫鈉、碳酸鈣)，主要作用是藉由這些偏鹼性的化合物，提高胃內的 pH 值，並改善潰瘍與腸胃不適。

　　制酸劑會因為成分不同而引起不同的副作用，含有碳酸氫鈉的制酸劑，在中和胃酸的過程中所產生的二氧化碳可能導致脹氣；氫氧化鋁可能會造成便祕；氫氧化鎂容易有腹瀉的情況；鈉含量較高的，則不適合心臟病、高血壓及腎臟病患者使用；而含鈣鹽的胃藥容易產生反跳性胃酸過度分泌。

　　即使少部分藥品在服用後引發腸胃不適，也不應自行購買制酸劑使用，以免影響治療效果並增加副作用，應經過專業醫師診斷與建議後再搭配服用。

二、消炎藥

　　細菌、病毒感染、外傷等都可能引發炎症，而產生紅、腫、熱、痛的表現。抗生素可以對一些抗生素敏感的細菌引發的炎症產生效果，但無法改善外傷、過敏引起的炎症，而能真正對抗炎症的是「消炎藥」。

磺胺類藥物為第一個由人類合成並用來控制與治癒細菌感染的有效化學藥物，最早是由德國病理學家寶馬柯 (G. Domagk,1895 ～ 1964) 發現其可以預防或治療鏈球菌感染，但目前多被抗生素所取代。

人類發現的第一種抗生素－青黴素 (盤尼西林) 是英國微生物學家傅雷明 (Sir.A. Fleming,1881 ～ 1955) 在被黴菌汙染的葡萄球菌培養皿中偶然發現的。抗生素是一種可以抑制細菌生長或殺死細菌的藥物，可用來治療肺炎、內膜炎、梅毒等，為了避免民眾濫用抗生素造成副作用或抗藥性，衛生署推行不自行購買、不主動要求、不隨便停藥「三不政策」。

消炎藥可以分為類固醇及非類固醇消炎止痛藥，類固醇使用初期效果極佳效且副作用不明顯，但長期不當使用會傷身。非類固醇消炎止痛藥 (如：阿斯匹靈) 主要用來抑制發炎，並進而減少疼痛。兩者共同的副作用即是傷胃，因為抑制發炎的同時，也會減少胃的黏膜分泌，導致受胃酸的傷害增加。

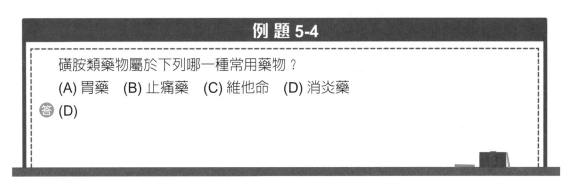

例題 5-4

磺胺類藥物屬於下列哪一種常用藥物？
(A) 胃藥　(B) 止痛藥　(C) 維他命　(D) 消炎藥

答 (D)

✏️隨堂練習

5-4　下列關於抗生素的使用方法，何者正確？
　　(A) 症狀減緩即可停藥
　　(B) 可自行至藥局購買使用
　　(C) 使用抗生素，應直到完全痊癒為止，不可中斷
　　(D) 應直接使用藥效最強的抗生素，以避免抗藥性的發生。

三、止痛藥

　　止痛劑是指能緩解疼痛的一類藥物，如：阿斯匹靈 (圖 5-10)、普拿疼及加護病房中最常使用的嗎啡類藥物。

　　阿斯匹靈屬於水楊酸類藥物，是一種常見的止痛劑、解熱藥和消炎藥，還可以用來預防心血管疾病、中風等。

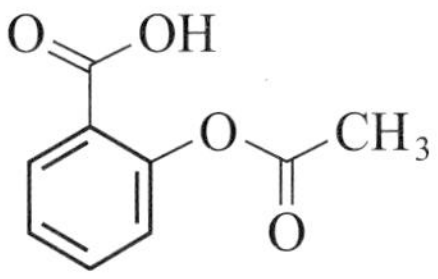

圖 5-10　阿斯匹靈結構式

　　普拿疼成份是乙醯胺基酚，此藥具有解熱、緩解疼痛等功效，且較不傷腸胃。乙醯胺基酚大部份經由肝臟代謝，約半天就可以排出體外。

　　嗎啡類藥物除了緩解疼痛還能治療憂鬱症，對於癌症末期病患的身心靈及生活品質也有很大的影響，但仍應遵從醫師指示酌量用藥以免產生耐藥性及藥物成癮。

例題 5-5

下列關於阿斯匹靈的敘述，何者錯誤？

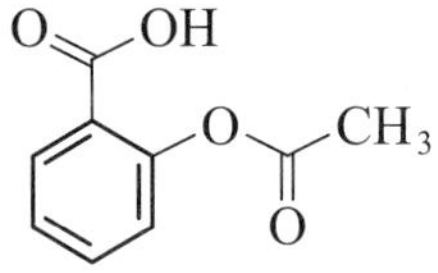

(A) 附圖為阿斯匹靈的結構式

(B) 阿斯匹靈呈弱鹼性

(C) 阿斯匹靈屬於水楊酸類藥物，是一種常見的止痛劑、解熱藥和消炎藥

(D) 阿斯匹靈會導致手術或創傷時不易止血。

答 (B)

阿斯匹靈呈弱酸性。

隨堂練習

5-5　下列關於普拿疼的敘述，何者錯誤？

(A) 現今常用止痛退燒藥　　(B) 普拿疼成份是乙醯胺基酚

(C) 大劑量造成肝臟損傷　　(D) 有消炎的作用。

5-2-2 毒品

毒品會使人成癮且對身體及精神造成極大損害，除了影響個人健康外，還會導致朋友疏遠、家庭破碎，甚至無法適應社會，若涉及毒品製造及買賣等，也會造成嚴重的社會問題。

表 5-3 毒品分級

第一級毒品	海洛因、嗎啡、鴉片、古柯鹼
第二級毒品	安非他命、搖頭丸 (MDMA)、大麻
第三級毒品	FM2、K 他命、一粒眠、小白板
第四級毒品	蝴蝶片、安定

一、香菸

是菸草製品的一種。製法是把菸草 (圖 5-11) 烤乾後切絲，經過化學處理後又添加了很多成分，香菸燃燒後產生的煙霧中，含有四千多種物質，其中的尼古丁、焦油、一氧化碳及其他化學成分會導致多種疾病。

尼古丁 (圖 5-12) 是一種中樞神經興奮劑，具有提神的作用，吸入後會使血管收縮，血壓上升，是造成香菸成癮的主要物質；菸草不完全燃燒後會生成焦油，內含大量致癌物質，還會阻塞及刺激氣管及肺部，引起咳嗽。

圖 5-11 菸草

圖 5-12 尼古丁結構式

二、大麻

大麻屬於中樞神經興奮劑。較常見吸食大麻的方式為將乾燥後的大麻葉 (圖 5-13)，混雜煙草捲成香煙，長期使用會造成記憶、學習及認知能力減退，甚至發生「動機缺乏症候群」。

圖 5-13 大麻

三、安非他命

俗稱「冰塊」、「安公子」，由麻黃素合成，屬於中樞神經興奮劑，初期興奮不眠、食慾不振、瞳孔放大，長期使用會出現妄想型精神分裂症，症狀包括多疑、幻覺、情緒不穩等。因具有抑制食慾的作用，所以常被摻入非法的減肥藥中，讓使用者在不知情的情況下上癮。

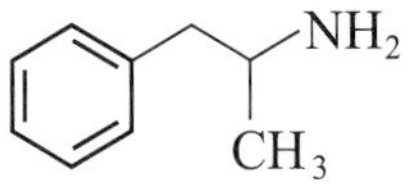

圖 5-14　安非他命結構式

四、海洛因

俗稱白粉，是由嗎啡與無水醋酸加熱反應製得，毒性為嗎啡的 10 倍，屬於中樞神經抑制劑，吸食初期會產生興奮及欣快感，之後便陷入困倦狀態，具高度依賴性，一旦成癮極難戒除。

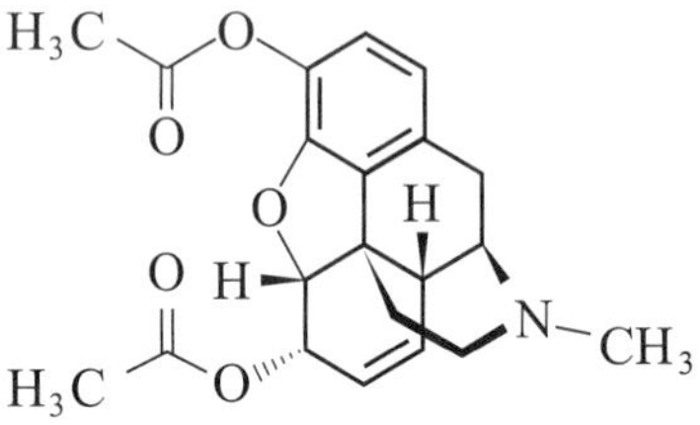

圖 5-15　海洛因結構式

五、古柯鹼

古柯鹼屬於中樞神經興奮劑。常以粉末方式由鼻腔吸入或是靜脈注射的方式使用，具有成癮性。古柯鹼會產生強烈短暫的效果，但緊接而來的是完全相反的—強烈沮喪、焦躁不安以及渴望更多的毒品。不管毒品的用量和頻率，古柯鹼會提高吸食者發生心臟病、中風抽搐或呼吸衰竭的可能性，任何一項都會導致猝死。

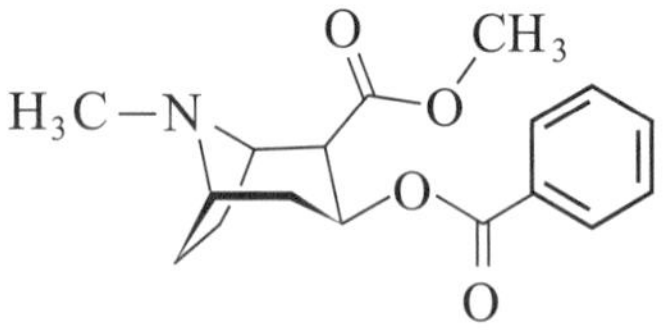

圖 5-16　古柯鹼結構式

例題 5-6

下列關於毒品的敘述，何者錯誤？
(A) 安非他命使用初期會興奮不眠、食慾不振、瞳孔放大
(B) 海洛因吸食初期會產生興奮及欣快感，之後便陷入困倦狀態
(C) 香菸中的尼古丁、焦油、一氧化碳及其他化學成分會導致多種疾病
(D) 我國「毒品危害防制條例」將毒品分為四級，其中成癮性與危害性最嚴重的是「第四級」毒品

答 (D)

隨堂練習

5-6 下列關於毒品的敘述,何者錯誤?

(A) 安非他命由麻黃素合成,屬於中樞神經興奮劑

(B) FM2、K 他命屬於第三級毒品

(C) 服用大麻和安非他命之後會出現幻覺、影響精神狀態

(D) 毒品只用過一次並不會對身體造成危害。

5-3 衣料與介面活性劑

衣料的主要成分——纖維,根據來源可分為兩大類:天然纖維及人造纖維。人類早期僅使用棉、麻、毛、絲、皮等取自於自然的天然纖維,隨著人類對衣料品質的要求提升,人造纖維漸漸發展、興盛。

5-3-1 天然纖維

天然纖維可再細分為植物纖維及動物纖維。介紹如下:

一、植物纖維 (棉、麻)

植物纖維的成分為**纖維素** $(C_6H_{10}O_5)_n$,是由多個葡萄糖單元組成的多醣。燃燒時會有如同燒紙張的味道。常見的植物纖維有棉、麻,棉來自棉花 (cotton),麻則出自於大麻、亞麻、黃麻、苧麻、劍麻等作物。棉花纖維是人類最早用來紡織衣物的材料,因其親水性佳、染色性優,製成的織品不但能夠保暖,同時通風透氣,可保持舒爽,至今依然被非常廣泛運用 (圖 5-17)。

圖 5-17 棉花外觀及顯微鏡下棉花纖維圖

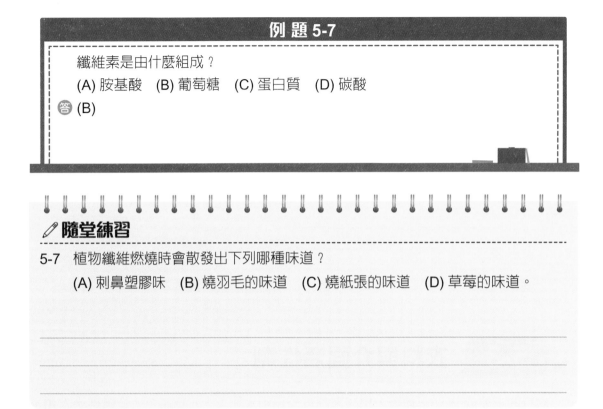

例題 5-7

纖維素是由什麼組成？
(A) 胺基酸　(B) 葡萄糖　(C) 蛋白質　(D) 碳酸

答 (B)

隨堂練習

5-7 植物纖維燃燒時會散發出下列哪種味道？
(A) 刺鼻塑膠味　(B) 燒羽毛的味道　(C) 燒紙張的味道　(D) 草莓的味道。

二、動物纖維 (毛、絲、皮)

動物纖維的主要成分為**蛋白質**，是由多個胺基酸所組成，遇硝酸會呈黃色，其成分元素包含碳 (C)、氫 (H)、氧 (O)、氮 (N)、硫 (S)、磷 (P) 等。燒起來會有燃燒頭髮、羽毛的味道。常見的動物纖維有毛如羊毛 (Wool)、絲 (Silk) 如蠶絲、蛛絲、皮 (leather) 如牛皮等。蠶絲纖維是人類最早用來紡織衣物的動物纖維，因其具有光澤、柔軟且不容易起皺，自古就被視為高級衣料。

而羊毛纖維異於其他天然纖維，具有毛鱗，其保暖性佳、方便染色，但容易縮水，需透過人類加工技術改善。羊毛分子間以硫做為結合之橋樑，因此韌性較蠶絲大。

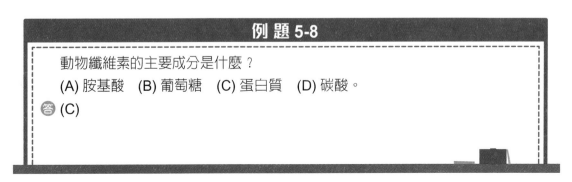

例題 5-8

動物纖維素的主要成分是什麼？
(A) 胺基酸　(B) 葡萄糖　(C) 蛋白質　(D) 碳酸。

答 (C)

隨堂練習

5-8 動物纖維燃燒時會散發出下列哪種味道？

(A) 刺鼻塑膠味　(B) 燒羽毛的味道　(C) 燒紙張的味道　(D) 草莓的味道。

5-3-2　人造纖維

人造纖維細分即是再生纖維及合成纖維。以下是個別的介紹：

一、再生纖維

原料為植物纖維，是將其纖維素溶解後再抽成絲狀製成，因再生纖維與蠶絲相似，所以又稱人造絲。優點為容易洗滌、觸感柔軟，但傳熱慢、耐張力低，容易生皺。常見的再生纖維為嫘縈 (rayon 讀音：ㄌㄟˊ ㄧㄥˊ)，用於地毯、內衣、窗簾布等。

二、合成纖維

合成纖維是以石油為原料，並經人工方法合成，比天然纖維更耐用，多數合成纖維燃燒後，纖維末端會成球狀。合成纖維十分堅韌、易於染色、快乾、不怕蟲蛀、不易生皺、不易與化學藥品作用，也較天然纖維多了些實用性能。

1. **耐綸** (Nylon)

又譯為尼龍，是世界上最早被利用的一種合成纖維，其原材料是碳 (C)、氫 (H)、氧 (O)、氮 (N)，是多種人造纖維的原料。常見的有耐綸 66 及耐綸 6。耐綸 66 命名源於其原料己二胺和己二酸所含的六個碳原子數。而耐綸 6(聚己內醯胺)，由己內醯胺經聚合反應而成。耐綸 66 與耐綸 6 的結構有細微差別 (圖 5-18)，但是兩種材料的性能基本相同。耐綸最早用於牙刷刷子，之後由耐綸襪開始廣為應用，以耐用性質迅速取代天然纖維。

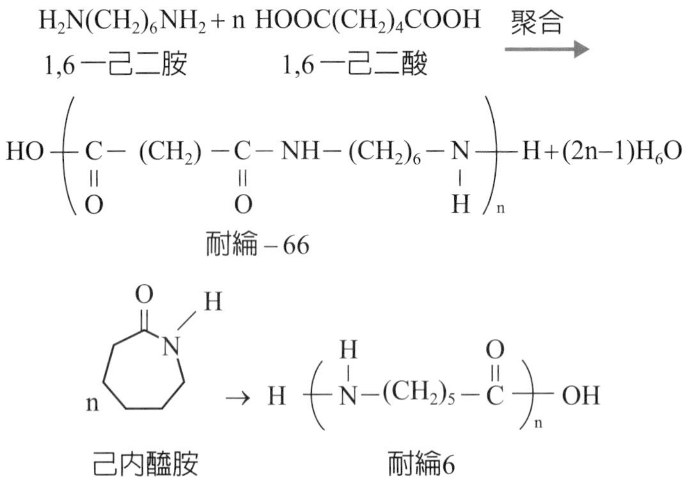

$$\begin{array}{c} H_2N(CH_2)_6NH_2 + n\ HOOC(CH_2)_4COOH \xrightarrow{\ 聚合\ } \\ \text{1,6－己二胺} \qquad\qquad \text{1,6－己二酸} \end{array}$$

$$HO\!\left[\!\!\begin{array}{c} C-(CH_2)-C-NH-(CH_2)_6-N \\ \parallel\qquad\qquad\ \parallel\qquad\qquad\qquad\ | \\ O\qquad\qquad\ O\qquad\qquad\qquad\ H \end{array}\!\!\right]_{\!n}\!\!H + (2n-1)H_6O$$

耐綸－66

$$n\ \begin{array}{c} O \\ \parallel \\ \end{array}\!\!\!\overset{\displaystyle H}{\underset{\displaystyle}{N}} \longrightarrow H\!\left[\!\!\begin{array}{c} H\quad\ O \\ |\qquad \parallel \\ N-(CH_2)_5-C \end{array}\!\!\right]_{\!n}\!\!OH$$

己內醯胺　　　　　　　耐綸6

圖 5-18　形成耐綸 66 與耐綸 6 的化學反應式

2. **達克綸 (Dacron)**

亦稱聚酯纖維 (聚對苯二甲酸乙二酯)，原料為對苯二甲酸及乙二醇，成分元素包含碳 (C)、氫 (H)、氧 (O)，是生活中常見的一種樹脂 (圖 5-19)，為熱塑性聚酯，具有優良的堅韌性且質量輕，耐磨性較佳。

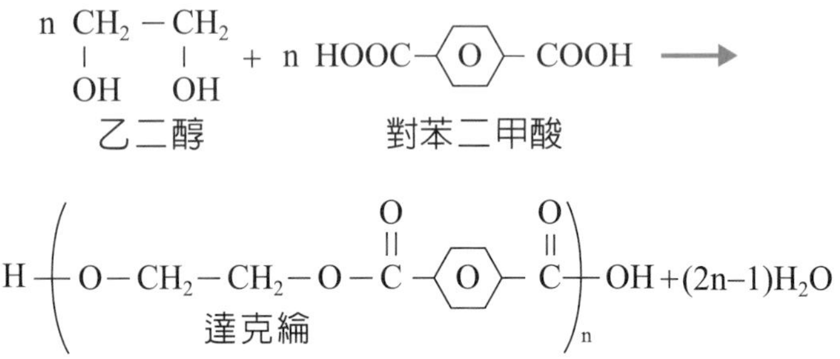

$$n\ \begin{array}{c} CH_2-CH_2 \\ |\qquad\ | \\ OH\quad\ OH \end{array} + n\ HOOC\!-\!\!\bigcirc\!\!-\!COOH \longrightarrow$$

乙二醇　　　　　　　　對苯二甲酸

$$H\!\left[\!\!\begin{array}{c} \qquad\qquad\qquad\quad O\qquad\quad O \\ \qquad\qquad\qquad\quad \parallel\qquad\quad \parallel \\ O-CH_2-CH_2-O-C-\!\!\bigcirc\!\!-C \end{array}\!\!\right]_{\!n}\!\!OH + (2n-1)H_2O$$

達克綸

圖 5-19　形成達克綸的化學反應式

3. **奧綸 (Orlon)**

奧綸 (圖 5-20) 主要成分為聚丙烯腈，因其觸感、保暖性質與羊毛相似，所以又稱合成羊毛。

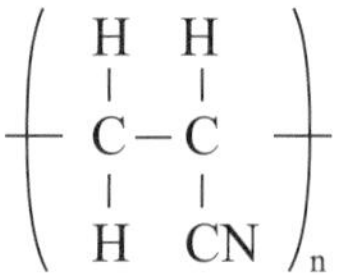

$$\left[\!\!\begin{array}{c} H\quad\ H \\ |\qquad | \\ C-C \\ |\qquad | \\ H\quad CN \end{array}\!\!\right]_{\!n}$$

圖 5-20　奧綸結構式

　　合成纖維雖較天然纖維耐用、耐汙、不易皺，但早期也有諸多缺點，例如：遇熱易損壞、容易產生靜電、可能導致部分皮膚敏感的人過敏，且其吸水性及透水性較差，所以常與棉或羊毛纖維混合紡織成較優質的衣料。現在的合成纖維則改良許多，能做出透氣保暖、觸感溫柔的衣物。

5-3-3 肥皂與清潔劑

一、肥皂

肥皂的製法是將油脂和強鹼 (例如：氫氧化鈉水溶液) 混合加熱，此反應的步驟稱為**皂化**，此反應將產生脂肪酸鈉 (肥皂) 和丙三醇 (甘油)，需將水溶液加入飽和食鹽水中，使難溶於食鹽水的肥皂浮於液面，與甘油分離，此步驟稱為「鹽析」(圖 5-21)。

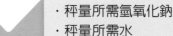

製作鹼水	·秤量所需氫氧化鈉 ·秤量所需水 ·慢慢的加入氫氧化鈉到水中
準備油配方	·秤量所需油脂的重量 (若有固態油脂需加熱至液態)
混合攪拌	·緩慢地加入鹼水到油鍋中並攪拌 ·加入所需精油或植物粉調香或調色 ·攪拌至濃稠狀可以入模
脫模熟成	·24小時後脫膜、切皂 ·在陰涼通風處放置40天等待熟成

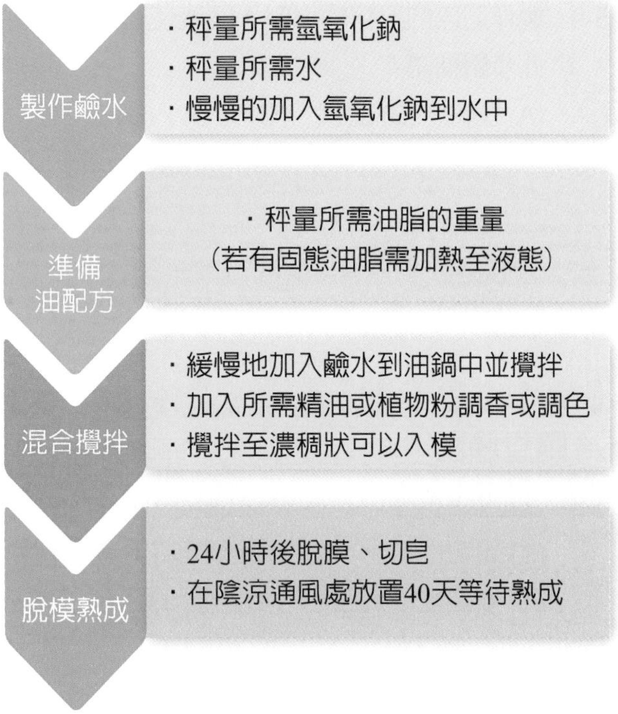

圖 5-21　肥皂製造過程示意圖

例 題 5-9

將油脂和強鹼混合加熱製作成肥皂的反應稱為什麼？
(A) 皂化　(B) 鹽析　(C) 造化　(D) 脂化

答 (A)

例 題 5-10

製作肥皂時要加入什麼才能把脂肪酸鈉和甘油分離？
(A) 不飽和食鹽水　(B) 酒精　(C) 硫酸銅溶液　(D) 飽和食鹽水

答 (D)

✏ 隨堂練習

5-9 製作肥皂的過程中，倒入溶液使難溶於食鹽水的肥皂浮於液面，與甘油分離，此步驟稱為？

(A) 鹽橋　(B) 鹽析　(C) 分水　(D) 析油。

✏ 隨堂練習

5-8 肥皂是由一端「　」長碳鏈及一端「　」羧酸根離子組成，空格依序為？

(A) 親油性；親水性　(B) 親水性；親油性

(C) 親油性；抗油性　(D) 抗水性；親水性。

肥皂是由一端**親油性**長碳鏈及一端**親水性**羧酸根離子組成。清洗時，親油性長碳鏈會包圍、侵入油垢，經過搓揉，藉由親水性的一端將髒汙分離並拉入水中，達到去汙效果 (圖 5-22)。

(a) 油漬沾上物體表面　　　(b) 加入肥皂分子，肥皂親油端與油相溶

油垢

纖維表面　　　　　　　纖維表面

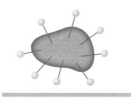

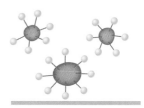

纖維表面　　　　　　　纖維表面

(c) 肥皂分子漸漸包圍整個油漬　　(d) 肥皂分子將油漬帶入水中

圖 5-22　肥皂去汙示意圖

二、合成清潔劑

　　合成清潔劑成分為烷基苯磺酸鹽，其去汙原理與肥皂相同，但在硬水中去汙力較肥皂強。而其中烷基具有分支碳氫支鏈親油基的清潔劑，不易被細菌分解，稱為**硬性清潔劑**，會產生大量泡沫使動植物缺氧死亡。烷基具有碳氫直鏈親油基的清潔劑，可被細菌分解，稱為**軟性清潔劑**，但有些分解後仍會產生酚，也可能造成魚類死亡 (圖 5-23)。

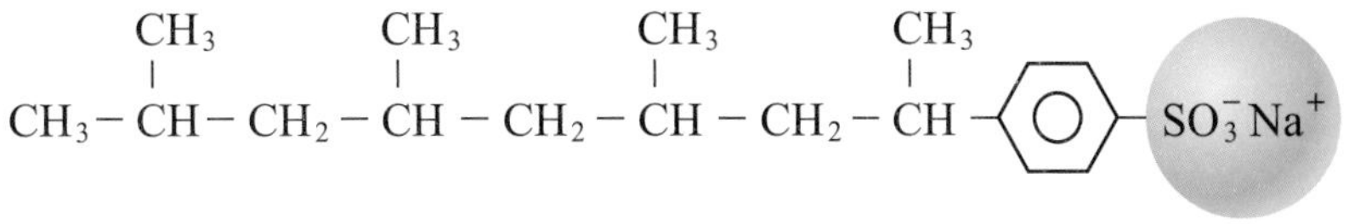

$$CH_3-CH-CH_2-CH-CH_2-CH-CH_2-CH\langle\bigcirc\rangle SO_3^-Na^+$$

其中各碳上方：CH_3　CH_3　CH_3　CH_3

(a) 硬性清潔劑

$$CH_3CH_2CH_2CH_2CH_2CH_2CH_2CH_2CH_2CH_2CH_2CH_2\langle\bigcirc\rangle SO_3^-Na^+$$

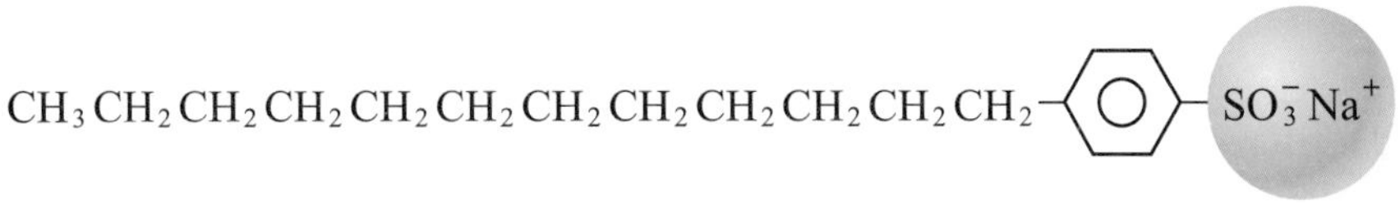

(b) 軟性清潔劑

圖 5-23　軟性及硬性清潔劑結構示意圖

　　而部分合成清潔劑中，含有環境賀爾蒙，即使只有微量存在於環境中，都會嚴重影響生物的生殖能力。

　　肥皂和合成清潔劑中也常添加磷酸鹽作為輔助劑，用來軟化硬水 (含鈣離子及鎂離子)，去除無機物，但在增進清潔效果的同時，這些磷酸鹽流入河川及湖泊也會促進藻類生長，造成**優養化**，減少水中溶氧量，導致魚蝦死亡。

例題 5-11

關於硬性清潔劑何者錯誤？

(A) 具有碳氫支鏈

(B) 不易被細菌分解

(C) 易被細菌分解

(D) 在水中會產生大量泡沫

答 (C)

✏ **隨堂練習**

5-11 關於優養化何者錯誤？

(A) 全世界的各種水域只有湖泊會發生　(B) 會使水體溶解氧含量下降

(C) 可能導致魚蝦死亡　(D) 是一種水質汙染。

5-4　材料與化工

　　生活中，塑膠杯、玻璃瓶、高樓大廈處處可見，這些都是材料的應用，材料包含金屬、玻璃、塑膠、陶瓷……等，本節將一一介紹。

5-4-1　常見材料介紹

一、金屬

　　自然界中的金屬礦物多是以化合物的狀態存在 (氧化物、硫化物等)，只有少數金屬因為活性較小，不容易與其他物質作用，才能以游離狀態存在，例如：金 (Au)、鉑 (Pt)、銀 (Ag)。不過這些金屬通常容易形成合金，一旦形成合金它們就不再被稱為「處於游離狀態」。不同的金屬礦物有不同的提煉方式：

1. **加熱礦石法** (thermal decomposition)，又稱加熱分解法。

　　加熱金屬氧化物、碘化物、羰基化合物等，使其分解取得純金屬。例如：氧化銀 → 銀。氧化銀加熱到 100℃時會開始分解，放出氧氣，300℃時會完全分解。其化學反應式如下：

$$2Ag_2O \rightarrow 4Ag + O_2$$

2. **與碳共熱法** (carbothermic reaction)，又稱碳熱反應或碳熱還原。

以碳為還原劑的反應，通常用於金屬氧化物的還原。這類反應一般在攝氏幾百度下進行。例如：氧化鐵 → 鐵。其化學反應式如下：

$$2Fe_2O_3 + 3C \rightarrow 4Fe + 3CO_2$$

$$Fe_2O_3 + 3CO \rightarrow 2Fe + 3CO_2$$

雖然可用來把金屬氧化物還原成金屬，但對於活性大的金屬，比如鈉和鉀的氧化物不適用。

3. **電解法** (Electrolytic process)

原理是電流通過物質而引起化學變化，該化學變化是物質失去或獲得電子的過程。例如：氧化鋁 → 鋁。氧化鋁電解成鋁，有種專門的方法，霍爾－埃魯法 (Hall-Héroult process)，是電解氧化鋁和冰晶石 (主要成分是氟鋁酸鈉，Na_3AlF_6) 的熔融混合物製造取得鋁的化工過程。由於氧化鋁的熔點超過 2000℃，電解過程所需的熱力和電力成本過高。冰晶石熔點為 1012℃，加入適量的冰晶石 (Na_3AlF_6，助熔劑) 於氧化鋁中混合加熱，熔點可降低至 940 ～ 980℃，可降低電解的成本。其化學反應式如下：

$$2Al_2O_3 \rightarrow 4Al + 3O_2$$

金屬的特點在於可導電、傳熱快、有光澤且極富延展性。而所有金屬中，熔點最高是鎢 (W)，可做鎢絲燈泡 (圖 5-24)；導電性最強是銀 (Ag)，可用於各類傳輸線；延展性最佳是金 (Au)，多用於飾品或機器的接頭。

圖 5-24　鎢絲燈泡

二、玻璃

　　玻璃主要成分為二氧化矽 (SiO_2)，一般玻璃會加入碳酸鈉 (Na_2CO_3)、碳酸鉀 (K_2CO_3)、石灰 (CaO) 及其他添加物混和加熱形成的非晶形物質，但碳酸鈉會使玻璃溶於水中，因此還要加入適量氧化鈣，使玻璃不溶於水。玻璃一般不溶於酸，惟氫氟酸 (氟化氫 HF 的水溶液) 及高溫的磷酸 (H_3PO_4) 會腐蝕玻璃，但不耐鹼，不可用來盛裝鹼液。其化學反應式如下：

$$SiO_{2(s)} + 4HF_{(aq)} \rightarrow SiF_{4(g)} + 2H_2O_{(l)}$$

　　玻璃有絕緣性，但幾乎全部的玻璃中都含有金屬離子，但因玻璃的高黏滯性，阻礙了金屬離子運動，使玻璃內含金屬離子卻不導電。

　　玻璃抗張力強度大，在室溫下具有一點彈性，但如果有裂痕，只要稍微加壓或遇熱就會立刻裂開，玻璃工廠也利用此特性切割玻璃。

　　台灣的玻璃工業發展重鎮為新竹地區，因其包含玻璃工業所需的原料、交通、勞力、動力等工業區位，近年來更配合地方政府推動觀光產業，1999 年在新竹市設立了玻璃工藝博物館 (圖 5-25)。

　　玻璃以不同製法、加入不同成分也能製造出各種不同功能、顏色的特殊玻璃。例如：在玻璃內加入氧化鉛，會令玻璃的折射係數增加，製成閃亮耀眼的水晶玻璃。加入釷的氧化物 (一般為二氧化釷 ThO_2) 會大幅增加折射指數，製造光學鏡頭。在兩張玻璃間加入塑膠膜或加入一層金屬網，可製成即使破裂也不會四處飛散的安全玻璃。把玻璃加熱到一定程度，再將表面急速冷卻，會成為強化玻璃，玻璃表面的輕微裂痕通常不會造成玻璃內部繼續破裂，而不易碎。

圖 5-25　新竹玻璃工藝博物館

一旦強化玻璃上內外層同時出現任何損壞或裂痕，就會整塊碎裂，但會碎成沒有尖角的小碎片，所以也相對較一般玻璃安全。鉛玻璃所製成的強化玻璃用於帷幕大樓 (圖 5-26)。

三、塑膠

塑膠原料大多是由石油提煉，在經聚合反應形成不同性質的塑膠，因此全部塑膠都是聚合物，既不溶於水，也不易受酸、鹼腐蝕。

塑膠依加熱後可否塑形分為**熱塑性塑膠** (thermoplastic)、**熱固性塑膠** (thermosetting plastic)。

熱塑性塑膠屬於鏈狀聚合物，加熱後會軟化，可重新塑形，冷卻後仍可重複加熱塑形，常見的塑膠種類有：聚乙烯 PE、聚丙烯 PP、聚氯乙烯 PVC、聚苯乙烯 PS、聚甲基丙烯酸甲酯 (壓克力)、聚四氟乙烯 PTFE(鐵氟龍)、聚對苯二甲酸乙二酯 PET 等皆為熱塑性塑膠。

圖 5-26　鉛玻璃所製成的強化玻璃用於帷幕大樓

熱固性塑膠屬於網狀聚合物，一旦受熱成形後就不會再因受熱軟化，成為一個永久的硬固狀態，熱固性塑膠之化學結構中有架橋鏈結成網狀結構，以致其加熱後不會流動，三聚氰胺甲醛樹脂、酚甲醛樹脂、尿素甲醛樹脂等皆為熱固性塑膠 (圖 5-27)。

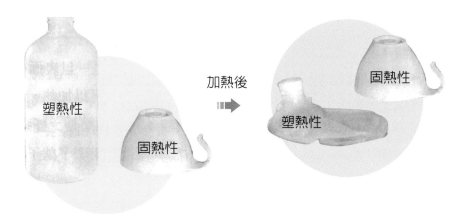

圖 5-27　熱固性塑膠及熱塑性塑膠加熱結果

例 題 5-12

下列何者<u>不是</u>熱塑性塑膠？

(A) 聚乙烯 PE

(B) 聚氯乙烯 PVC

(C) 聚四氟乙烯 PTFE

(D) 以上皆是熱塑性塑膠

答 (D)

✏ 隨堂練習

5-12 熱固性塑膠之化學結構中唯有何種結構使其加熱後不會流動？

(A) 多胜鏈　(B) 碳氫支鏈　(C)Si-O-Si 鍵　(D) 架橋鏈。

四、陶瓷

陶瓷為一種無機物，廣義的陶瓷包括成分中含氧化鐵較少的水泥、陶瓷等；及成分中含氧化鐵較多的磚塊。新型陶瓷使用人工合成的無機化合物為原料，成分主要為氧化物、氮化物、硼化物和碳化物等。傳統的陶瓷原料有含氧化鐵的紅褐色粘土、氧化鋁、高嶺土 (白色瓷土) 等，黏土中含矽酸鹽 (矽和氧的化合物 Si_xO_y)，和水混合後可拉坯，素坯陰乾後，再用高熱燒乾，形成 Si-O-Si 鍵而具有永久硬度，且具化學安定性及不溶水性，因此使用範圍甚廣，餐具、建築、室內裝潢、電阻器、半導體器件等都有它的蹤跡。

瓷器使用高嶺土，製成素瓷並上色後，再施以高熱使其光滑且不透水；陶器則為不純的高嶺土燒紅時撒上食鹽，形成紅色光滑表面，較瓷器粗糙一些 (圖 5-28)。

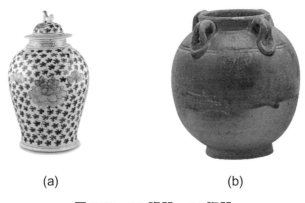

(a)   (b)

圖 5-28　(a) 瓷器　(b) 陶器

五、磚瓦

也屬於廣義的陶瓷，磚的主要成份為矽酸鋁 (Al_2SiO_5)，但磚塊用的黏土較不純，多含有氧化鐵、有機物、氧化鈦……等雜質。磚塊的製法是用黏土加水，再放入模子，或擠壓呈長條再切成塊，陰乾後在 900℃～1200℃的磚窯燒。

紅磚為磚中黏土所含的赤鐵礦 (Fe_2O_3) 自然冷卻後呈現的紅色。青磚則為將磚塊淋水冷卻，水與碳發生氧化還原反應成為一氧化碳和氫，使磚塊中的三價鐵 (鐵離子) 還原為二價鐵 (亞鐵離子) 而呈現青色。

瓦則用於屋頂防雨，分為兩種，一為黏土燒製而成；二為水泥、砂混和壓製而成。瓦的另一用途為隔熱，瓦片交疊鋪設於尖斜式屋頂時，可產生一個隔絕熱空氣的空間，防止白天的太陽熱輻射直接傳至屋內 (圖 5-29)

圖 5-29　瓦片屋頂

例 題 5-13

陶瓷中含有何種成分可使其製成後具有永久硬度？
(A) 氧化鋁　(B) 矽酸鋁　(C) 矽酸鹽　(D) 氧化鐵

答 (C)

✎ 隨堂練習

5-13 紅磚因含有什麼而呈現紅色？
(A) 赤鐵礦　(B) 二價鐵　(C) 氧化鈦　(D) 矽酸鋁。

5-4-2　奈米材料

奈米 (nanometer, nm) 是一種長度單位，一奈米是十億分之一米 ($1nm = 10^{-9}m$)。當物件的長、寬或高至少有一個長度介於 1～100nm 大小的尺度時，此原子團形成的材料稱為「奈米材料」，而一般傳統材料稱為塊材。人的眼睛只可看到幾毫米的螞蟻、塵埃；光學顯微鏡則可觀察到微米 (Micrometer、μm) 級的細胞、細菌；電子顯微鏡更能觀測到奈米級的病毒、DNA 結構。一般來說，病毒的直徑大約是 60～250 奈米，紅血球的直徑約等於 2,000 奈米，頭髮的直徑約為 30,000～50,000 奈米。

自然界中的蓮葉表面 (圖 5-30)，在高解析穿透電子顯微鏡觀察下，可以觀察到蓮葉表面有著大小約 5～15 微米的乳突狀結構，其上覆有奈米級類似纖毛結構，此奈米級表面結構為造成蓮葉表面具疏水特性的原因。使水珠不易附著葉面，灰塵不易附著於葉面，當雨水沖洗時，易隨水珠滾落而達到淨潔作用。

圖 5-30　蓮葉本身具有奈米結構

　　蓮葉表面的這種**自我淨潔** (self-cleaning) 現象，由於是從蓮葉所發現，因此又叫做「蓮葉效應」。東方藍鳥的羽毛有特別的奈米結構層，因為不同波長的光干涉和繞射的情況不同，而顯現出特定的顏色，也因為是物理結構，通常顏色可以保留持久 (圖 5-31)。

　　以下介紹奈米碳管及二氧化鈦，奈米碳管是奈米科技的研究重點之一，而奈米級二氧化鈦為光觸媒，能靠紫外線消毒及殺菌。

圖 5-31　東方藍鳥羽毛具有奈米結構

一、奈米碳管

　　奈米碳管 (carbon nanotube) 是一種管狀碳分子，管上每個碳原子相互以 C-C σ 鍵 (sigma 鍵) 結合起來，形成蜂窩狀結構，直徑約 1～30 奈米。

　　奈米碳管分為單層壁和多層壁，單層壁構造由一層石墨層構成；多層壁是由一層以上石墨層，以同心軸方式，每層間距 0.34 奈米構成。奈米碳管的頭尾兩端都有一個半球型結構，使整個碳管呈現封閉狀態 (圖 5-32)。

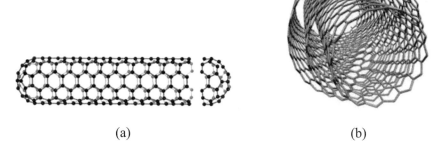

(a)　　　　　　　　　　　　　　　　　　　(b)

圖 5-32　(a) 單層奈米碳管　(b) 多層壁奈米碳管同心軸組成切片示意圖

　　奈米碳管具有微小、高強度、高導熱度、低消耗功率等特性，有些可導電，有些可絕緣，可作為電路中的分子級電晶體，以其製造的記憶晶片，傳輸速度是傳統電晶體的 100 萬倍。它也可以製成和紙一樣薄的顯示器，不只省電，還因其可捲曲，易於摺疊、搬運。奈米碳管還可以做為新的複合材料，具中空結構重量輕，其彈性及張力強度極高，甚至比鋼絲強上百倍，故應用範圍極廣。

　　美國也在近期開發出以奈米碳管為原料的隱形飛機技術，運用奈米碳管純黑、吸收各種波長光線的能力 (包括無線電波、可見光、紫外線等)，在飛機表面垂直植入奈米碳管層，當碰到雷達波的偵察，不會被反射，使其隱形，奈米碳管隱形技術目前仍在實驗階段，尚未實際應用於飛機上。

例 題 5-14

奈米碳管以什麼結構組合？
(A) o 鍵
(B) σ 鍵
(C) ρ 鍵
(D) δ 鍵

答 (B)

✎ 隨堂練習

5-14 下列何者為奈米碳管的特性？
　　(A) 重量輕
　　(B) 吸收各種波長光線
　　(C) 可絕緣
　　(D) 以上皆是。

二、二氧化鈦 (TiO₂)

當物質小到奈米的尺度時，「表面積 / 體積」比值變高，其活性也隨之增大。

二氧化鈦，對人體無害，幾乎不溶於水，只溶於氫氟酸和熱濃硫酸 (H_2SO_4)，是熱門應用材料之一。常見的**奈米光觸媒**，其原料為奈米級的二氧化鈦 (TiO_2) 粒子，受陽光照射會分解出電子及 TiO_2^+ 而具有殺菌效果 (圖 5-33)。

當照射紫外線光時能和水反應產生氫氧自由基 ($\cdot OH$)、活性氧 ($\cdot O_2^-$；超氧陰離子)，透過氧化還原反應，可分解各種有機化合物和部分無機物，變成無毒水 (H_2O) 及二氧化碳 (CO_2)。也可破壞病毒細胞膜、凝固病毒蛋白質，使其可淨化空氣、去甲醛、防黴、殺菌、防汙、自淨等功效。實際應用有抗菌的奈米口罩、自淨的衛浴設備及光觸媒空氣清淨機。

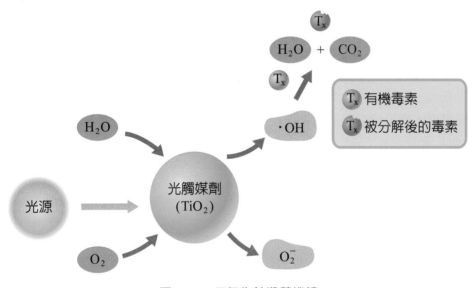

圖 5-33　二氧化鈦殺菌機轉

二氧化鈦也可溶為塗料，大面積鍍膜，其穩定性可保護塗層，防止裂紋，並防紫外線和水分，延長漆膜壽命。

5-4-3　其他材料

一、光阻劑

　　光阻劑 (photoresist) 是一種合成樹脂，含有感光基團，在製造半導體的流程中，將光阻劑塗於晶圓上，經過紫外光曝照後，再用光阻顯影劑溶掉不需要的光阻劑，並透過化學氣相沉積法或物理氣相沉積法，使金屬沉積在晶圓上，反覆操作製成設計好的電路圖，使用於現今市面常見的電子產品及生物晶片，如手機、電腦、平板、MP3、野生動物追蹤晶片、寵物晶片等。

　　光阻劑分為正光阻劑及負光阻劑兩種，正光阻劑常見成分為環氧樹脂及酚醛樹脂，這兩者皆為熱固性聚合物，其未曝光部分會變硬，無法用顯影劑洗除，解析度高，但造價也較高；負光阻劑的常見成分則是聚異戊二烯橡膠，所有特性皆與正光阻劑相反，其曝光部分會變硬，無法用顯影劑洗除，解析度低，但造價也相對較低。

二、導電高分子

　　化學界人人都認為高分子聚合體都是絕緣體，但在 1977 年黑格、麥克狄米德、白川英樹共同發現，**聚乙炔**摻雜了碘之後由導電率為 10^{-9}s/cm 的絕緣體變成了導電率為 10^{3}s/cm 的導體，導電高分子的研發與應用就此出現。導電塑膠的聚合主鏈為單鍵 - 雙鍵交替延續的結構，此種單鍵 - 雙鍵交替的鍵結，稱為共軛鍵結。於聚乙炔 (圖 5-34) 中摻雜鹵素或鹼金屬，可使非定域化的 p 電子移動而產生電子流，大幅提升聚乙炔的導電度，使聚乙炔具有導電性。

$$nH-C \equiv C-H \rightarrow H \left(\begin{matrix} H \\ | \\ C = C \\ | \\ H \end{matrix} \right)_n$$

圖 5-34　乙炔氣體的聚合反應，生成聚乙炔

　　導電高分子材料主要有聚乙炔類 (C_2H_2)、聚噻吩類 (PT)(圖 5-35)、聚吡咯類 (PPy) 及聚苯胺類 (PANI)，可用於探測器、金屬防腐塗層等，應用比較多的是導電塑膠，現已製成塑膠電池，做為計算機的輔助電源和手提式工具的電源；導電塑膠也可製成車窗玻璃，經過適當處理後，導電塑膠薄膜可以由透明變成不透明，能抵擋太陽光。

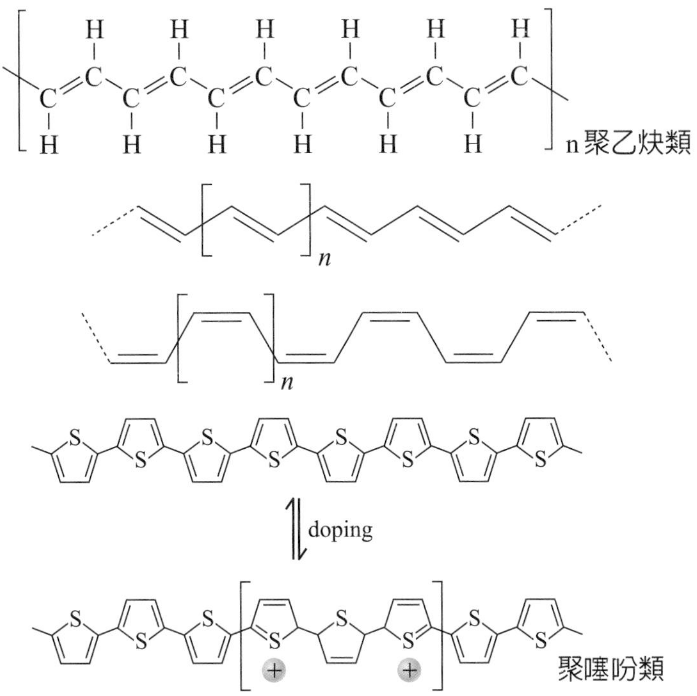

圖 5-35　聚乙炔類 (C₂H₂) 的結構式及順式與反式、聚噻吩類 (PT) 的結構式

三、色料

　　色料 (colorant) 包含所有能讓物質產生顏色的物質，如色母、染料、顏料等，塑膠色母、食用色素、清潔劑染料等都是色料的應用。

　　色料依來源可分為天然及人工合成，天然色料再細分為植物色料、動物色料及礦物色料。依型態可分為液體及固體，依溶解性則可以分成油性及水性，油性墨水即為油性色料，水彩則為水性色料。

　　前述的人工合成色料的出現，從 1856 年第一種鹽基性染料——苯胺紫被發現後迅速發展、應用，因其易於製造且價格低廉，迅速興起取代了天然染料。

　　色料的三原色為黃、紅、藍三色，與光的三原色紅、綠、藍不同，愈多顏色重疊愈灰暗，最後會變黑色 (圖 5-36)。

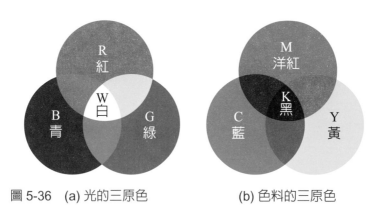

圖 5-36　(a) 光的三原色　　　　(b) 色料的三原色

四、電子封裝材料

電子封裝材料 (Electronic packaging material) 是積體電路晶片需進行後段封裝以保護其裸露的晶片免於靜電、溼度、髒汙空氣的破壞，封裝材料現在以比較便宜之環氧樹脂及聚醯亞胺 (醯，讀音ㄒㄧ) 為主流。

封裝材料分為熱固性及光固性兩種，且封裝材料需要有透氧、透水性低、黏著性好、熱膨脹係數小、玻璃移轉溫度高等特性，才能耐高溫不變形 (圖 5-37)。

圖 5-37　封裝後的積體電路 IC

現今社會應用之積體電路 IC 隨著消費家用型、商業型及工業型等應用範圍不斷增加，需求量遽增，應用範圍遍布了資訊產品 (電腦、平板)、消費性產品 (電視、MP3、智能音箱) 及通訊產品 (手機、有線及無線網路寬頻產品) 等，現在需求量最大的即為功能與規格持續不斷進化之手機及電腦。

CHAPTER 6

現代產業與化學

6-1　高科技產業

　　高科技產業具有技術變化快速、需要大量研發經費、技術人才比例高與產業環境變動迅速等特性，主要包括資訊產業、生物科技產業、新能源產業、新材料產業等，這些產業都與化學密切相關。

　　資訊產業當中的半導體研究與發展引人注目，在 1958 年德州儀器公司發明了世界第一個**積體電路** (Integrated Circuit；IC)，開啟了半導體發展的先河，IC 驅動了電腦晶片的發展，成為各種高科技產業的基礎。化學在半導體產業中的應用除了提供各式各樣的材料以外，也運用了許多化學藥劑。

　　生物科技基礎之一是要了解細胞與生物體的新陳代謝，而新陳代謝即是化學變化，此外生物科技的發展也需新材料與新技術配合，而化學提供了新材料與新技術的開發基礎。此外如溶劑、聚合物等化學品近年來也逐步從化學合成改為生物製造。

　　新能源產業例如生質能源的開發，從植物取得能源如生物酒精、生物柴油，實際的大型生質能源生產系統屬於化學工程領域，包含質能均衡、輸送現象、熱力學、反應工程、製程設計等。

　　材料與人們的日常生活息息相關，科學家持續開發新材料，希望賦予產品更好的性能，例如石墨烯這種新材料的研發與應用，由於它可以應用於資訊、能源、航太、運輸、醫療等產業，因此被視為可能改變未來世界的神奇材料。石墨烯是由碳原子排列成正六角形的平面薄膜，由英國科學家安德烈 · 蓋姆 (Andre Konstantin Geim) 和康斯坦丁 · 諾沃肖洛夫 (Konstantin Novoselov) 於 2004 年發現，由於石墨烯是世上最薄卻也是最堅硬的奈米材料，具有易導電性、易導熱性、低電阻性，所以可以應用在許多尖端產業與科技產品，例如觸控螢幕、液晶顯示、超級電容、太陽能電池與生物感測器等。

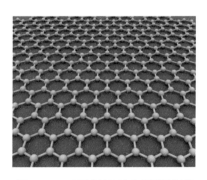

圖 6-1　石墨烯的正六角形結構

6-2 化妝品業

愛美是人類天性，自古以來人們就懂得利用天然產品來保養自己，例如蘆薈、絲瓜水都是以前常用的天然保養品，如今由於化學知識的進步，廠商因此開發出許多不同種類的化妝品。化妝品當中常見的化學成分包括界面活性劑、保濕劑、防腐劑、抗氧化劑等。

界面活性劑應用於化妝品配方中，其目的有清潔、起泡、溶解、乳化、增稠、潤滑、懸浮及分散等，因此，廣泛應用於洗髮精、沐浴乳、面霜、刮鬍膏、香水等各式清潔與化妝相關的產品。界面活性劑同時具有親水基跟親油基，可以把本來不互溶的油跟水形成穩定的混合液。

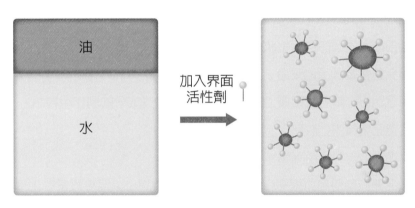

圖 6-2　界面活性劑可以使油、水互溶

保濕劑能幫助水分與皮膚結合，化妝品的保濕劑有甘油、丙二醇、丁二醇、膠原蛋白、玻尿酸等。甘油是化妝品中最早使用的保濕劑，甘油是無色透明的粘稠液體，略帶甜味，接觸皮膚後會產生溫熱感，由於產品來源廣，價格低，是化妝品中含量最大最常見的保濕劑。

化妝品內含有許多營養成分，為了不要讓這些營養成分助長微生物繁殖，使得化妝品變質，因此在化妝品中添加**防腐劑**，抑制微生物滋生。化妝品當中的防腐劑有苯甲酸酯類 (Parabens)、乙醇 (Ethanol)、福馬林 (Formalin)、三氯沙 (Triclosan) 等，其中最常見的防腐劑是苯甲酸酯類，苯甲酸抗菌效果佳、刺激性低、價格便宜，所以被廣為使用於化妝品中做為防腐劑。

為了防止化妝品某些成分氧化變質，例如含不飽和脂肪酸的油脂容易氧化，因此在化妝品中常添加**抗氧化劑**。抗氧化劑是能減緩或防止氧化作用的物質，如類黃酮、維生素 C、維生素 E 等。其中類黃酮是世界公認的最強抗氧化劑之一，其抗氧化能力遠超過維生素 C 與維他命 E。黃酮類化合物廣泛分布於植物中，目前已發現超過 5000 個自然的黃酮類化合物，例如兒茶素、橙皮素、柚皮素、矢車菊素，飛燕草素等。

學習加油站 －化妝品的選擇與使用

現代化妝品琳瑯滿目，如何才能選到能增進美容保養且不傷害身體的化妝品？以下提供選擇化妝品的方法：

(1) 選擇衛福部核可通過的含藥化妝品。

(2) 選擇具有完整包裝標示化妝品。

(3) 詳閱使用說明書，留意說明書上的注意事項提到某些成分的副作用警語。

(4) 選購適合自己膚質的化妝品。

(5) 留意保存期限並盡早使用完畢。

(6) 使用化妝品要減量使用並縮短化妝品停留在身上時間，以免接觸某些化學成分過久造成傷害。

例 題 6-1

關於化妝品的選擇與使用之敘述何者為**非**？

(A) 選擇衛福部核可的產品　　　　(B) 詳閱使用說明書

(C) 延長化妝品停留在身上時間才有效果　(D) 留意保存期限。

答 (C)

使用化妝品要減量使用並縮短化妝品停留在身上時間。

隨堂練習

6-1 哪種化學品可以使本來不互溶的油跟水形成穩定的混合液？
(A) 保濕劑　(B) 界面活性劑　(C) 防腐劑　(D) 抗氧化劑。

6-3 健康食品

　　市面上充斥著各種健康食品，例如深海魚油、乳酸菌、冬蟲夏草、蜂膠、花粉、銀杏等，這些東西吃了就會更健康？政府對健康食品有無專屬法規管理？事實上政府早在民國 88 年公佈**健康食品管理法**，藉以加強健康食品之管理與監督，維護國民健康，並保障消費者之權益。

　　健康食品管理法所稱健康食品，係指具有保健功效並標示或廣告其具該功效之食品。所謂保健功效，係指增進民眾健康、減少疾病危害風險，且具有實質科學證據之功效，非屬治療、矯正人類疾病之醫療效能，例如像「美白」、「豐胸」、「壯陽」等功效涉及人體外表，與增進健康無關，不能稱為「保健功效」。

　　目前政府所認定的「保健功效」包括：

1. 調節血脂功能。
2. 免疫調節功能。
3. 腸胃功能改善。
4. 骨質保健功能。
5. 牙齒保健。
6. 調節血糖。
7. 護肝 (化學性肝損傷)。
8. 抗疲勞功能。
9. 延緩衰老功能。
10. 輔助調節血壓功能。
11. 促進鐵吸收功能。
12. 輔助調整過敏體質功能。
13. 不易形成體脂肪功能。

　　　　共計十三項。

表 6-1　健康食品的保健功效與對應的成分

保健功效	成分
調節血脂	紅麴、魚油、綠茶、燕麥、甲殼素、番茄、黃豆、藻類、納豆、菊苣纖維、單元不飽和脂肪酸、總免疫球蛋白 G
免疫調節	人參、靈芝、蜂膠、冬蟲夏草、燕麥、總異黃酮、總免疫球蛋白 G、藻類
腸胃功能改善	乳酸菌、寡醣、菊苣纖維、牛蒡、總免疫球蛋白 G
骨質保健	鈣、總異黃酮
牙齒保健	木醣醇、副乾酪乳桿菌
調節血糖	含難消化糊精、紅麴、燕麥、紅景天、異黃酮、人參
護肝	牛樟芝、蜆、五味子、總多酚、橘皮
抗疲勞	雞精、人參、冬蟲夏草
延緩衰老	總多酚、靈芝、四物
輔助調節血壓	乳三勝、丹參、葛根
促進鐵吸收	亞鐵
輔助調整過敏體質	乳酸菌、靈芝
不易形成體脂肪	茶、燕麥、洛神花

　　健康食品的保健功效雖然獲得科學化的驗證，但民眾不應對健康食品有過度期待，因為健康食品不是萬靈丹，不具有藥物治病的療效，只是提供日常保健之用。平日從均衡飲食、適度運動、規律生活三方面著手，才能真正維護身體健康。

　　凡是經由國家認證的健康食品，衛生福利部會核予健康食品字號與標章，因此消費者選購健康食品要注意產品有無健康食品標章，同時依照個人體質來選擇適合的產品，必要時得請教專業醫療人員。例如優酪乳含有乳酸菌，具有改善腸胃功能效果，但要注意避免食用過多導致攝取過量的精緻糖，引發肥胖及蛀牙的風險。

圖 6-3　健康食品標章

例 題 6-2

政府所認定的健康食品「保健功效」<u>不包括</u>哪項？

(A) 護肝

(B) 促進鐵吸收

(C) 調節血糖

(D) 豐胸。

答 (D)

「豐胸」涉及人體外表，與增進健康無關，不能稱為「保健功效」。

 **隨堂練習**

6-2 哪種成分有調節血脂與血糖功能？

(A) 蜆

(B) 乳酸菌

(C) 紅麴

(D) 靈芝。

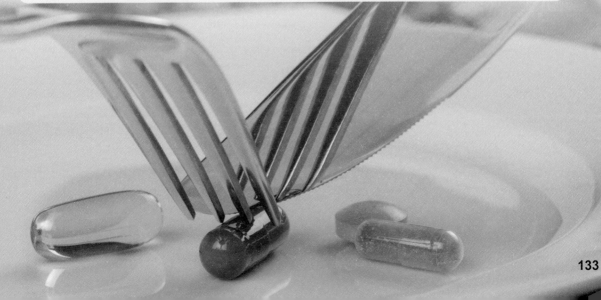

6-4　高分子化學

　　高分子 (macromolecule) 也稱聚合物 (polymer)，指由許多小分子單元重複連結而組成的大分子，聚合生成高分子的小分子被稱為單體 (monomer)。

6-4-1　聚合物的分類

1. 依聚合物的來源分為天然聚合物與合成聚合物

   (1) 天然聚合物包括澱粉、纖維素、肝醣、蛋白質、去氧核糖核酸 (DNA) 與天然橡膠等，存在於生物體中。

   (2) 合成聚合物包括聚乙烯、聚丙烯、聚氯乙烯、耐綸、奧綸、達克綸與合成橡膠等，以化石原料經人工合成反應而得。

2. 依聚合物的結構分為鏈狀聚合物與網狀聚合物

   (1) 鏈狀聚合物結構呈直鏈狀，加熱後會熔化，具可塑性，因此又稱熱塑性聚合物，可回收重複使用，例如：聚乙烯、聚丙烯、聚氯乙烯、聚苯乙烯、耐綸與寶特瓶等。

$$\sim CH_2CH-CH_2CH-CH_2CH-CH_2CH\sim$$

圖 6-4　聚苯乙烯的鏈狀結構

   (2) 網狀聚合物結構呈網狀，耐高溫，不具可塑性，因此又稱熱固性聚合物，不能回收利用，例如合成橡膠、尿素甲醛樹脂、酚醛樹脂 (電木) 等。

圖 6-5　酚醛樹脂的網狀結構

6-4-2 合成聚合物的應用

合成聚合物用途廣泛，以下列舉聚乙烯、聚丙烯、聚氯乙烯、寶特瓶與合成橡膠的應用。

1. **聚乙烯** (Polyethylene，PE)

   PE 是日常生活中最常用的高分子材料之一，不透水，大量用於製造塑膠袋，保鮮膜，雨衣等產品。

2. **聚丙烯** (Polypropylene，PP)

   PP 具有較高的耐衝擊性，抗多種有機溶劑和酸鹼腐蝕。在工業界有廣泛的應用，包括包裝材料、地毯、衣料、纜繩、漁網、文具和可重複使用的容器。

3. **聚氯乙烯** (Polyvinyl Chloride，PVC)

   PVC 價格低廉、易加工、重量輕、強度高、耐化學藥品性良好等優點，可經由不同的配料與加工程序製成各種不同的產品，例如醫療場所的血袋、輸血管、導尿管幾乎都是 PVC 製品。但是 PVC 受熱可能會釋放氯乙烯單體，長期接觸氯乙烯單體對人體有潛在風險，因此 PVC 保鮮膜不適合直接接觸食材並且微波使用。

4. **寶特瓶** (Polyethylene Terephthalate，PET)

   寶特瓶是利用乙二醇與對苯二甲酸脫水反應而成的聚合物。寶特瓶具有韌性佳、質量輕、不透氣、耐酸鹼等特點，為裝盛飲料之常用容器。但寶特瓶的耐熱性低，所以不能裝盛高溫液體，也應避免暴露於高溫環境，以免釋放重金屬銻，引起噁心、嘔吐、頭昏，長期恐對心臟、肝臟造成傷害。

5. **合成橡膠** (synthetic rubber)

   合成橡膠是人工合成的高彈性聚合物，以煤、石油、天然氣為主要原料，品種很多，可用在輪胎、膠鞋、膠管等。

學習加油站 – 認識食品包裝塑膠容器

　　在生活中可以見到不同種類的食品包裝塑膠容器，不同的塑膠材質所耐熱的溫度與耐酸鹼程度也有所不同。在這些塑膠容器上有一個國際通用的三角形回收標誌，目前可以分成 1 ～ 7 號，不同的號碼代表不同的塑膠材質：

表 6-2　食品包裝塑膠容器回收標誌與對應塑膠材質

圖示	對應塑膠材質
1	聚乙烯對苯二甲酸酯 (PET)，俗稱寶特瓶；耐熱溫度為 60 ～ 85℃。
2	高密度聚乙烯 (HDPE)，耐熱溫度為 90 ～ 110℃。
3	聚氯乙烯 (PVC)，耐熱溫度為 60 ～ 80℃。
4	低密度聚乙烯 (LDPE)，耐熱溫度為 70 ～ 90℃。
5	聚丙烯 (PP)，耐熱溫度為 100 ～ 140℃。
6	聚苯乙烯 (PS)，俗稱保麗龍，耐熱溫度為 70 ～ 90℃。
7	其他類，如聚碳酸酯 (PC)、聚乳酸 (PLA)；耐熱溫度分別為 120 ～ 130℃、50℃，但應避免裝載酸、鹼、油性的食物。

例題 6-3

哪一種是合成聚合物？
(A) 澱粉
(B) 奧綸
(C) 纖維素
(D) 肝醣。

答 (B)

奧綸為合成聚合物。

✎ **隨堂練習**

6-3 長期接觸氯乙烯單體對人體有潛在風險，請問哪一種塑膠受熱可能會釋放氯乙烯單體？

(A)PET　(B)PVC　(C)PE　(D)PP。

6-5 石化工業

　　石化工業是指從石油或天然氣製造化學品的工業，其製成品稱為石化產品。由石油或天然氣製造出來的石化基本原料如乙烯、丙烯、丁二烯、苯、甲苯、二甲苯等，經過特定製造程序，可得各種塑膠材質如聚乙烯、聚丙烯、聚苯乙烯與各種合成橡膠、合成纖維材料及清潔劑、黏著劑等化學品。各種原料再經加工，就可製成塑膠袋、保鮮膜、衣料、導管、塑膠玩具、繩索、寶特瓶與輪胎等等的應用產品，提供人們食、衣、住、行、育、樂需求。因此可說石化工業為一切的產業材料來源的基礎。

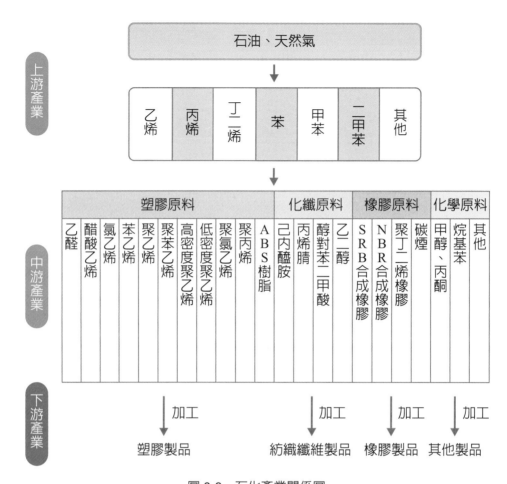

圖 6-6　石化產業關係圖

6-6　護理

　　醫院中護理人員常接觸到的化學品包括有機溶劑、防腐劑、消毒劑等。有機溶劑包括二甲苯、丙酮、乙醚、甲醇等，防腐劑如甲醛，消毒劑如乙醇。

　　有機溶劑是指以有機化合物當成溶劑，常用於溶解無法溶於水的物質，其特色是具有揮發性、可溶性和易燃性，多數具有毒性，因此必須小心使用，例如暴露於高濃度二甲苯的環境，可能導致皮膚、眼睛、鼻子和喉嚨過敏，還有呼吸困難、肺部問題、記憶困難，以及肝臟和腎臟產生病變。

防腐劑如甲醛，甲醛含量為 35% 至 40% 的水溶液稱為福馬林 (Formalin)，具有防腐、消毒和漂白的功能，福馬林在醫學上的作用有保存病理切片、手術器械和病房消毒等。醫護人員若長期接觸福馬林，可能會出現鼻癢、流鼻水、眼睛癢、頭痛等症狀。

　　消毒劑如乙醇，乙醇俗稱酒精，是醫療場所常用的消毒劑，但是並非酒精濃度愈高其殺菌效果越好，原因是高濃度的酒精，會讓細菌表面的蛋白質凝固，形成一層硬膜，使酒精沒辦法繼續深入細菌內部。換言之，菌體內部仍具有活力，無法完整殺死細菌。只有 75% 酒精具有穿透性，能深入細菌內部，讓細胞脫水，達到殺菌的效果。

例題 6-4

答　塑膠臉盆的製造屬於石化工業的上游、中游、下游哪個部分？

　　塑膠臉盆的製造屬於石化工業的下游部分。

✏ 隨堂練習

6-4　甲醛含量為 35% 至 40% 的水溶液稱為何者？

　　(A) 二甲苯　(B) 丙酮　(C) 乙醚　(D) 福馬林。

NOTE

諾貝爾化學獎及
現代化學發展

7-1　諾貝爾獎介紹

阿佛烈‧伯恩哈德‧諾貝爾 (Alfred Bernhard Nobel,1833 ～ 1896) 是瑞典化學家、工程師、發明家、製造商和黃色炸藥的發明者。他因炸藥銷售獲得巨富，但也對自己改良的炸藥作爲破壞及戰爭的用途感到痛心，因此諾貝爾立下了遺囑：「請將我的財產變做基金，每年用這個基金的利息作爲獎金，獎勵那些在前一年爲人類做出卓越貢獻的人。」在他的遺囑中，諾貝爾利用他的巨大財富創立了諾貝爾獎，表揚在物理、化學、生理學和醫學、文學、和平等領域最有貢獻的人。1969 年，諾貝爾基金會新設了第 6 個獎－諾貝爾經濟學獎。

諾貝爾這種無私奉獻精神值得後人景仰與學習，也由於諾貝爾獎的設立促使人類在各領域的傑出成就獲得肯定，無形中提昇了現代科技水準並促進人類文化與和平的發展，影響深遠。

(a) 諾貝爾肖像　　　　(b) 諾貝爾獎獎牌

圖 7-1

7-2　諾貝爾化學獎介紹

諾貝爾化學獎在 1901 年設立，由瑞典皇家科學院每年頒發給在化學領域有傑出貢獻的科學家。諾貝爾獎由諾貝爾基金會管理，瑞典皇家科學院每年選出五人委員會來評選出當年獲獎者。

歷年的諾貝爾化學獎得主均在化學相關領域做出極大貢獻，以下列舉五位科學家的成就與貢獻：

1. **瑪麗亞‧斯克沃多夫斯卡 - 居禮** (Marie Curie,1867 ～ 1934)

   因發現了鐳 (Ra) 和釙 (Po) 元素，提煉純鐳並研究鐳的性質，使她獲得 1911 年諾貝爾化學獎。她是波蘭裔法國籍科學家，也被稱為**瑪里居禮**，她是首位獲得諾貝爾獎的女性，也是獲得兩次諾貝爾獎 (獲得物理學獎及化學獎) 的第一人。她發現兩種新的放射性元素釙和鐳，並應用鐳放射線治療腫瘤。在第一次世界大戰期間，她創辦了戰地放射中心，應用她發明的巡迴 X 光車，挽救了許多中槍傷兵的生命。

   圖 7-2　瑪里居禮和她發明的巡迴 X 光車

2. **弗里茨‧哈柏** (Fritz Haber,1868 ～ 1934)

   哈柏是猶太裔德國化學家，由於發明從氮氣和氫氣合成氨的哈柏法，使他獲得 1918 年的諾貝爾化學獎。哈柏法可以大量生產氨，氨可進一步用來製造氮肥，這使人類從此擺脫了只能依靠天然氮肥耕作方式，加速了世界農業的發展，糧食產量因此大幅增加。

3. **萊納斯‧卡爾‧鮑林** (Linus Carl Pauling,1901 ～ 1994)

   鮑林是美國化學家，因在化學鍵方面的研究成就於 1954 年獲得諾貝爾化學獎。他將量子力學應用到化學鍵的研究，先後提出「價鍵理論」、「混成軌域」」、「電負度」、「共振理論」等創新的概念，並於 1939 出版**《化學鍵的本質》**一書，成為劃時代的化學鉅著。

4. **弗雷德里克‧桑格** (Frederick Sanger,1918 ～ 2013)

   桑格是英國生物化學家，曾經在 1958 年及 1980 年兩度獲得諾貝爾化學獎。桑格在 1955 年將胰島素的胺基酸序列完整地定序出來，這項研究使他獲得 1958 年的諾貝爾化學獎。此外，桑格於 1975 年發展出「鏈終止法」的技術來測定 DNA 序列，這項研究後來成為人類基因組計畫等研究得以展開的關鍵之一，並使桑格於 1980 年再度獲得諾貝爾化學獎。

5. **尚 - 皮耶・索法吉** (Jean-Pierre Sauvage,1944 〜)、**詹姆士・佛瑞塞・史多達爾爵士** (Sir. J. Fraser Stoddart,1942 〜) 與**伯納德・盧卡斯・佛林加** (Bernard L. Feringa,1951 〜)

2016 年諾貝爾化學獎授予索法吉、史多達爾與佛林加等三位分別來自法國、英國與荷蘭的學者，以表揚他們在**分子機器** (molecular machine) 的研究與貢獻。這些利用化學合成的分子機器一旦被施加能量，就可以執行特定的工作，例如分子電梯、分子肌肉、分子晶片、分子馬達與分子車，分子機器的研究與發展把化學研究帶入了一個全新的領域。

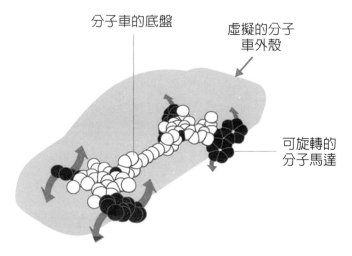

圖 7-3　佛林加研發成功的分子車

例題 7-1

哪位科學家發明從氮氣和氫氣合成氨的方法？
(A) 瑪里居禮　(B) 桑格　(C) 哈柏　(D) 鮑林。

答 (C)
哈柏發明從氮氣和氫氣合成氨的方法。

隨堂練習

7-1 哪位科學家發現兩種新的放射性元素釙和鐳，並應用鐳的放射線治療腫瘤？
(A) 瑪里居禮　(B) 桑格　(C) 哈柏　(D) 索法吉。

7-3 現代化學發展

　　科技使現代大眾享有更便捷與舒適的生活，但是科技的力量越大，所帶來的負面衝擊也越大，例如人口爆炸、環境汙染、氣候變遷與生態破壞等問題，仍需人類積極面對與解決。

　　現代化學發展與上述人類所需面對與解決問題息息相關，以下列舉兩項現代化學發展與前瞻。

1. **綠色化學發展**

　　綠色化學 (Green Chemistry) 就是設計較安全的化學品或化學反應過程來取代危險物質的使用，或是盡可能減少與消除這些危險物質對環境的衝擊。綠色化學研究如何使反應的效率達到最高，對環境的傷害降到最低，從源頭到最終產物的過程中減少廢物的產生，降低對環境的汙染或衝擊等不利影響。由此可見綠色化學對地球生態永續發展有相當大的助益。

2. **組合化學發展**

　　組合化學 (Combinatorial Chemistry) 是利用由有機、無機的構築分子，以所有可能的排列組合方式來進行化學合成反應，藉此快速得到數目龐大且具多樣性的產物。組合化學可以用在開發新藥與新材料等領域。

此外像前面所述之分子機器的發展，使科學家不僅能在奈米層次觀察微觀世界的性質，而且能夠對分子結構和運動過程進行操控。依照這種發展趨勢，未來可能見到生病時不用吃藥，只要派遣分子機器人進入人體清除病灶就可痊癒，這些都是現代

化學發展的方向。

學習加油站 － 綠色化學 12 項原則

　　美國化學家阿納斯塔斯 (Paul Anastas) 和華納 (John Warner) 於 1998 年共同合著《綠色化學：理論與實踐》一書，首先提出綠色化學的 12 項原則，廣為學術界與工業界採用。

(1) 事先防止廢棄物之產生勝於事後清除。

(2) 設計更安全無毒的化合物和產物。

(3) 降低或消除生成產物的合成方法對人類及環境的毒性。

(4) 使用可再生的原料。

(5) 通過催化反應將廢物的量降到最低。

(6) 避免非必要的化合物的衍生物。

(7) 使原子經濟最大化：盡可能將反應物轉變為生成物。

(8) 溶劑、分離試劑等輔助品儘可能無毒，最好不用。

(9) 提高能源效率：可能的話，在常溫常壓下進行反應。

(10) 設計可降解的產物：產物在使用後，應可降解，而不會在環境累積。

(11) 全程分析並防止汙染。

(12) 製程中使用本質安全之化學物質，使事故的可能性降到最低。

例題 7-2

關於綠色化學的敘述何者為非？

(A) 設計較便宜的化學品　　(B) 降低對環境的汙染

(C) 將廢物製造降到最低　　(D) 使反應的效率達到最高。

答 (A)

✏ **隨堂練習**

7-2 利用有機、無機的構築分子，以所有可能的排列組合方式進行化學合成反應，
藉此快速得到數目龐大且具多樣性的產物，以上稱為_____化學。

NOTE

APPENDIX

附錄

圖片來源

元素週期表

圖片來源

Ch1

章首圖 https://reurl.cc/d7nqg

圖 1-1 https://reurl.cc/mlryA

圖 1-3 左圖 https://reurl.cc/XLqZj

右圖 https://reurl.cc/3O76O

圖 1-4 https://reurl.cc/RvWL9

圖 1-5 https://reurl.cc/qkrnR

圖 1-8 https://reurl.cc/mlrRV

Ch2

圖 2-1 pixabay 圖庫

圖 2-3 Dreamstime 圖庫

圖 2-5 https://reurl.cc/Ad4Md

圖 2-6 Dreamstime 圖庫

圖 2-9 https://reurl.cc/XLqAa

Ch3

圖 3-9 https://reurl.cc/ZXem3

圖 3-10 莊青青

Ch4

章首圖 https://bit.ly/2TOAYVK

圖 4-2 https://reurl.cc/MROp4

圖 4-4 https://reurl.cc/mlM87

圖 4-5 Dreamstime 圖庫

圖 4-9 https://reurl.cc/3OX0j

圖 4-10 https://reurl.cc/WDx5D

圖 4-11 https://reurl.cc/Gej9G

圖 4-12 https://reurl.cc/qkVxq

圖 4-13 https://reurl.cc/mlMV1

圖 4-14 https://reurl.cc/klORx

圖 4-15 https://reurl.cc/ZXepa

圖 4-17 臺電公司提供

圖 4-18 https://reurl.cc/b7V03

圖 4-19 Dreamstime 圖庫

圖 4-20 Dreamstime 圖庫

Ch5

章首圖 https://bit.ly/2TMGIzk

圖 5-5 https://reurl.cc/1evDm

圖 5-6 https://reurl.cc/KMeZM

圖 5-11 pixabay 圖庫

圖 5-13 pixabay 圖庫

圖 5-17 左圖 pixabay 圖庫

右圖 https://reurl.cc/NqQ39

圖 5-24 https://reurl.cc/V8zKZ

圖 5-25 https://reurl.cc/EGjk0

圖 5-26 Dreamstime 圖庫

圖 5-28(a) Dreamstime 圖庫

圖 5-28(b) https://reurl.cc/7R06D

圖 5-29 pixabay 圖庫

圖 5-30 pixabay 圖庫

圖 5-31 pixabay 圖庫

圖 5-32(a) https://reurl.cc/eXzjK

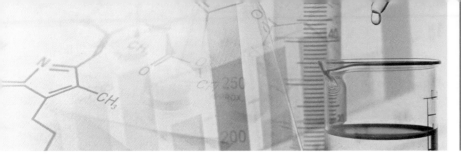

元 · 素 · 週 · 期 · 表

圖例說明：
- 元素名稱 / 元素符號 / 原子序 / 原子量（範例：13 鋁Al 26.98）
- 金屬、類金屬、人造元素
- 非金屬、固態、液態、氣態、未知

週期	1 IA	2 IIA	3 IIIB	4 IVB	5 VB	6 VIB	7 VIIB	8 VIIIB	9 VIIIB	10 VIIIB	11 IB	12 IIB	13 IIIA	14 IVA	15 VA	16 VIA	17 VIIA	18 VIIIA
1	1 氫H 1.008																	2 氦He 4.003
2	3 鋰Li 6.941	4 鈹Be 9.012											5 硼B 10.81	6 碳C 12.01	7 氮N 14.01	8 氧O 16.00	9 氟F 19.00	10 氖Ne 20.18
3	11 鈉Na 22.99	12 鎂Mg 24.31											13 鋁Al 26.98	14 矽Si 28.09	15 磷P 30.97	16 硫S 32.07	17 氯Cl 35.45	18 氬Ar 39.95
4	19 鉀K 39.1	20 鈣Ca 40.08	21 鈧Sc 44.96	22 鈦Ti 47.88	23 釩V 50.94	24 鉻Cr 52.0	25 錳Mn 54.94	26 鐵Fe 55.85	27 鈷Co 58.93	28 鎳Ni 58.69	29 銅Cu 63.55	30 鋅Zn 65.39	31 鎵Ga 69.72	32 鍺Ge 72.59	33 砷As 74.92	34 硒Se 78.96	35 溴Br 79.90	36 氪Kr 83.80
5	37 銣Rb 85.47	38 鍶Sr 87.62	39 釔Y 88.91	40 鋯Zr 91.22	41 鈮Nb 92.91	42 鉬Mo 95.94	43 鎝Tc 97.91	44 釕Ru 101.1	45 銠Rh 102.9	46 鈀Pd 106.4	47 銀Ag 107.9	48 鎘Cd 112.4	49 銦In 114.8	50 錫Sn 118.7	51 銻Sb 121.8	52 碲Te 127.6	53 碘I 126.9	54 氙Xe 131.3
6	55 銫Cs 132.9	56 鋇Ba 137.3	57-71 鑭系	72 鉿Hf 178.5	73 鉭Ta 180.9	74 鎢W 183.9	75 錸Re 186.2	76 鋨Os 190.2	77 銥Ir 192.2	78 鉑Pt 195.1	79 金Au 197.0	80 汞Hg 200.6	81 鉈Tl 204.4	82 鉛Pb 207.2	83 鉍Bi 209.0	84 釙Po 209	85 砈At 210	86 氡Rn 222
7	87 鍅Fr 223	88 鐳Ra 226	89-103 錒系	104 鑪Rf 265.1	105 𨧀Db 268.1	106 𨭎Sg 271.1	107 𨨏Bh 270.1	108 𨭆Hs 277.2	109 䥑Mt 276.2	110 鐽Ds 281.2	111 錀Rg 280.2	112 鎶Cn 285.2	113 鉨Nh 284	114 鈇Fl 289	115 鏌Mc 288	116 鉝Lv 293	117 鿬Ts 294	118 鿫Og 294

鑭系元素：

57 鑭La 138.9	58 鈰Ce 140.1	59 鐠Pr 140.9	60 釹Nd 144.2	61 鉕Pm 144.9	62 釤Sm 150.4	63 銪Eu 152.0	64 釓Gd 157.3	65 鋱Tb 158.9	66 鏑Dy 162.5	67 鈥Ho 164.9	68 鉺Er 167.3	69 銩Tm 168.9	70 鐿Yb 173.0	71 鎦Lu 175.0

錒系元素：

89 錒Ac 227	90 釷Th 232.0	91 鏷Pa 231	92 鈾U 238	93 錼Np 237.1	94 鈽Pu 244.1	95 鋂Am 243.1	96 鋦Cm 247.1	97 鉳Bk 247.1	98 鉲Cf 252.1	99 鑀Es 252.1	100 鐨Fm 257.1	101 鍆Md 258.1	102 鍩No 259.1	103 鐒Lr 262.1

國家圖書館出版品預行編目（CIP）資料

化學 / 張振華, 莊青青 編著. -- 三版. --
新北市：全華圖書股份有限公司, 2024.01
　　面　；　公分
　　ISBN 978-626-328-815-7 (平裝)
　　1.CST：化學
340　　　　　　　　　　　　112021901

化學(第三版)

作者 / 張振華、莊青青

發行人 / 陳本源

執行編輯 / 林士倫

封面設計 / 戴巧耘

出版者 / 全華圖書股份有限公司

郵政帳號 / 0100836-1 號

印刷者 / 宏懋打字印刷股份有限公司

圖書編號 / 0913402

三版一刷 / 2024 年 1 月

定價 / 新台幣 350 元

ISBN / 978-626-328-815-7　(平裝)

全華圖書 / www.chwa.com.tw

全華網路書店 Open Tech / www.opentech.com.tw

若您對本書有任何問題，歡迎來信指導 book@chwa.com.tw

臺北總公司(北區營業處)
地址：23671 新北市土城區忠義路 21 號
電話：(02) 2262-5666
傳真：(02) 6637-3695、6637-3696

南區營業處
地址：80769 高雄市三民區應安街 12 號
電話：(07) 381-1377
傳真：(07) 862-5562

中區營業處
地址：40256 臺中市南區樹義一巷 26 號
電話：(04) 2261-8485
傳真：(04) 3600-9806(高中職)
　　　(04) 3601-8600(大專)

得 分　**全華圖書**
化學(第三版)
學後評量
CH1 緒論

班級：＿＿＿＿＿＿＿＿
學號：＿＿＿＿＿＿＿＿
姓名：＿＿＿＿＿＿＿＿

一、基礎題

1-1 （　）1. 物質三態當中有一定體積但形狀隨容器改變是哪一態？
(A)固態　(B)液態　(C)氣態　(D)以上皆非。

（　）2. 化學一門研究什麼的科學？
(A)天文與地理　(B)三態變化　(C)生物與環境　(D)物質與能量。

1-2 （　）3. 下列各項物質中，何者是混合物？
(A)葡萄糖　(B)澱粉　(C)糖水　(D)麥芽糖。

（　）4. 下列何種物質不是混合物？
(A)玻璃　(B)水銀　(C)汽油　(D)天然氣。

（　）5. 下列各物質中何者為混合物？
(A)葡萄糖　(B)乙醇　(C)海水　(D)銅。

（　）6. 若某物質經分析出僅含有氮及氧，且無法以物理方式進一步分離，則此物質
應歸類為哪一種物質？
(A)元素　(B)化合物　(C)均勻混合物　(D)非均勻混合物。

（　）7. 下列何者是純物質？
(A)海水　(B)牛奶　(C)石油　(D)臭氧。

（　）8. 下列物質中，何者是化合物？
(A)水　(B)水泥　(C)不鏽鋼　(D)24K金。

（　）9. 下列物質，何者為化合物？
(A)水銀　(B)石墨　(C)鹽　(D)硫。

（　）10.下列哪項屬於均勻混合物？
(A)糖水　(B)漿糊　(C)養樂多　(D)優酪乳。

（　）11.下列何者是元素？
(A)石墨　(B)海水　(C)酒精　(D)食鹽。

( ) 12.有關元素和化合物的敘述，下列何者錯誤？
(A)純物質包含化合物和元素
(B)元素能組成化合物，化合物也能分解出它的成分元素
(C)鹽水是食鹽和水化合而成，故鹽水是化合物
(D)元素和化合物均有固定的熔點和沸點。

( ) 13.下列何者為化合物？
(A)葡萄糖水　(B)鑽石　(C)高粱酒　(D)二氧化碳。

( ) 14.下列何種物質在1大氣壓下沒有固定的沸點？
(A)汽油　(B)水　(C)乙醇　(D)丙酮。

( ) 15.木材燃燒，會產生二氧化碳與水，可知木材含有那些元素？
(A)碳、氫　(B)氧、氫　(C)碳、氫、氧　(D)碳、氧。

( ) 16.某液體在定壓下加熱至100 ℃產生沸騰現象，此時再繼續加熱，發現溫度仍持續上升，由此可判斷該液體最可能屬於下列何種物質？
(A)元素　(B)混合物　(C)純物質　(D)化合物。

( ) 17.志明得了感冒，診所給他的糖漿上面標示著「使用前請務必搖勻」，請問這瓶糖漿應屬於何種物質？
(A)純物質　(B)混合物　(C)化合物　(D)元素。

( ) 18.下列哪一個為化合物？
(A)土壤　(B)氯化鈉　(C)葡萄酒　(D)鹽水。

( ) 19.下列有關元素和化合物的敘述，何者錯誤？
(A)元素和化合物皆為純物質
(B)元素及化合物皆可用普通的化學方法分解出其他物質
(C)化合物有固定的沸點
(D)自然界中元素的種類比化合物少。

( ) 20.有一個化學反應：甲＋乙→丙，下列敘述何者錯誤？
(A)甲是純物質　(B)乙可能是元素　(C)甲、乙性質相同　(D)丙是化合物。

( ) 21.化學反應前後，何者不會變化？
(A)原子總數　(B)原子排列方式　(C)分子數目　(D)分子種類。

1-3 ( ) 22.哪一項為物理變化？
(A)水銀熱脹冷縮　(B)鐵生鏽　(C)食物腐敗　(D)牛奶變酸。

（　　）23.何者不是化學變化？
(A)水電解產生氫氣和氧氣　(B)水遇冷結冰　(C)紙張燃燒　(D)鐵生鏽。

（　　）24.下列變化，何者屬於物理變化？
(A)氧變成臭氧　(B)光合作用　(C)放煙火　(D)乾冰昇華為氣態二氧化碳。

（　　）25.下列各項，何者不是化學變化？
(A)放煙火　　　　　　　　　(B)米飯燒焦成黑色
(C)金屬鈉放入水中，產生氫氣　(D)碘溶於酒精。

（　　）26.下列何者屬於化學變化？
(A)氮氣液化　(B)放爆竹　(C)冰融化　(D)碘昇華。

（　　）27.下列何者不屬於化學變化？
(A)酸鹼中和　(B)乾冰昇華　(C)汽油燃燒　(D)牛奶變酸。

（　　）28.下列敘述，何者屬於物理變化？
(A)酒精燃燒產生二氧化碳　　(B)氯氣溶於水形成酸性溶液
(C)鈉金屬與水作用產生氫氣　(D)砂糖溶於水中形成糖水。

（　　）29.下列何者為化學變化？
(A)酒精揮發　(B)水汽凝結　(C)碘塊昇華　(D)酸鹼中和。

（　　）30.下列各種過程，哪一選項涉及化學反應？
(A)粉筆字被擦成粉筆灰
(B)將葡萄釀成葡萄酒
(C)茶杯中喝剩的少量水，隔天蒸乾
(D)溫度計中水銀熱脹冷縮。

（　　）31.下列何項為化學變化？
(A)水電解成氫與氧　(B)水的凝固　(C)冰的熔解　(D)水蒸氣的液化。

（　　）32.在化學反應前後，下列何者一定不變？
(A)分子數目　(B)分子種類　(C)總質量　(D)總體積。

（　　）33.木炭燃燒，是指木炭與下列哪一種物質化合？
(A)氧氣　(B)水　(C)氫氣　(D)氮氣。

1-4（　　）34.什麼的發現及使用，使人類開始邁向文明？
(A)火　(B)藥物　(C)金屬提煉　(D)陶器燒製。

（　　）35.從實驗當中推定燃燒是物質和氧結合的反應的科學家為下列何人？
(A)道耳頓　(B)拉瓦節　(C)湯姆森　(D)波以耳。

( ) 36. 創立原子學說的科學家是誰？
(A)拉塞福 (B)查兌克 (C)道耳頓 (D)拉瓦節。

( ) 37. 被後人尊稱為近代化學之父的的科學家是誰？
(A)道耳頓 (B)查兌克 (C)拉瓦節 (D)拉塞福。

( ) 38. 從 α 粒子撞擊金箔的散射實驗中確立原子核理論的科學家是誰？
(A)道耳頓 (B)拉塞福 (C)拉瓦節 (D)湯姆森。

( ) 39. 哪位科學家主張以理性思考的態度研究化學，揚棄不切實際的煉金術？
(A)道耳頓 (B)查兌克 (C)拉瓦節 (D)波以耳。

( ) 40. 原子核是由哪些粒子所構成的？
(A)電子和質子 (B)中子和電子 (C)質子和中子 (D)只有電子。

( ) 41. 提出原子行星模型的是哪一位科學家？
(A)查兌克 (B)拉塞福 (C)湯姆森 (D)道耳頓。

( ) 42. 拉塞福提出的原子行星模型，下列表述何者正確？
(A)有原子核的原子模型 (B)原子的質量均勻分布在原子中
(C)電子集中於原子核 (D)原子核不帶電。

( ) 43. α 粒子實際上為下列何者？
(A)電子 (B)質子 (C)中子 (D)氦原子核。

( ) 44. 下列各種粒子中，質量最小的是哪一種？
(A)電子 (B)質子 (C)中子 (D)氫原子。

二、進階題

1-2 ( ) 1. 下列敘述何者正確？
(A)木頭是化合物
(B)空氣是純物質
(C)水分子由一個氫原子與兩個氧原子化合而成
(D)化合物可用化學方法分解成元素。

( ) 2. 取世界各地的硫鐵礦來分析，會發現各地硫、鐵成分的比值都不太一樣，其理由為何？
(A)硫鐵礦就是純硫化亞鐵 (B)硫鐵礦有固定的沸點
(C)這是錯誤的檢驗結果 (D)硫鐵礦是一種混合物。

( ) 3. 下列有關物質的敘述，何者正確？
(A)鑽石是純物質，但不是化合物
(B)葡萄糖水是由葡萄糖和水組成的純物質
(C)石油是混合物，而汽油是純物質
(D)水是混合物，因為可電解成氫和氧。

( ) 4. 下列有關物質分類的敘述，何者正確？
(A)氦氣性質安定，不易起反應，所以不是純物質
(B)糖水為純糖溶於純水組成，所以是純物質
(C)食鹽由氯化鈉組成，所以是純物質
(D)不鏽鋼不易生鏽，所以是純物質。

( ) 5. 已知碳酸鈣加熱後分解產生氧化鈣及二氧化碳兩種物質，則下列敘述何者正確？
(A)碳酸鈣是由氧化鈣及二氧化碳兩種物質組成，因此碳酸鈣是混合物
(B)分解出來的氧化鈣及二氧化碳都屬於元素
(C)分解出來的氧化鈣屬於元素、二氧化碳屬於化合物
(D)分解出來的氧化鈣及二氧化碳都屬於化合物。

( ) 6. 下列各組，何者均為純物質？
(A)臭氧、鋼、磷　　　　　　(B)蔗糖、二氧化碳、米酒
(C)食鹽、合金、水　　　　　(D)氧氣、鑽石、乾冰。

( ) 7. 有關化合物的敘述，下列何者正確？
(A)化合物由三種以上原子化合而成
(B)化合物由同一種元素所組成
(C)化合物具有一定的熔點和沸點
(D)化合物與組成元素的性質相同。

1-3 ( ) 8. 物質發生化學變化時，可能改變的有幾項？
(甲)分子種類；(乙)分子數目；(丙)原子種類；(丁)原子數目；(戊)原子排列。
(A)1項　(B)2項　(C)3項　(D)4項。

1-4 ( ) 9. 下列有關質子、中子和電子的敘述，何者正確？
(A)質量最大的是電子　(B)中子不帶電，電子帶負電，質子帶正電
(C)質子最晚被發現　　(D)中子最早被發現。

( ) 10.荷質比為粒子電荷量與質量的比值之絕對值，下列何種粒子具有最大的荷質比？
(A)電子　(B)質子　(C)中子　(D)α粒子。

( ) 11.下列有關中性原子構造的敘述，何者正確？
甲：原子的質量均勻分布於整個原子之中；
乙：原子的質量絕大部分集中在原子核；
丙：電子和質子的數目一定相等；
丁：質子和中子的數目一定相等。
(A)甲丙　(B)甲丁　(C)乙丙　(D)乙丁。

( ) 12.拉塞福做「α粒子散射」實驗，將α粒子束射向一金屬薄膜，觀察透過膜後的粒子偏折至各方向的分布情形。他發現絕大部分的粒子，穿過薄膜後，仍按原來方向進行，但少數的粒子，則有大的散射角，極少數竟有近180°的散射。已知α粒子是He原子核，由此實驗結果，無法說明原子核的何種特性？
(A)原子核帶正電　　　　　　　(B)原子核的直徑小
(C)原子核具有原子絕大部分的質量　(D)原子核是由質子和中子所組成。

三、問答題

1-1 1. 試述化學所研討的對象為何？

1-5 2. 請調查市面上含有塑膠微粒製品主要有哪些？

3. 試舉出人類錯誤運用化學品導致對環境破壞的例子。

得　分　**全華圖書**

化學(第三版)

學後評量

CH2 自然界的物質

班級：＿＿＿＿＿＿＿＿

學號：＿＿＿＿＿＿＿＿

姓名：＿＿＿＿＿＿＿＿

一、基礎題

2-1 (　) 1. 地球表面覆蓋水的比例？

(A)11% (B)31% (C)51% (D)71%。

(　) 2. 清除水中懸浮物第一步驟是什麼？

(A)膠凝 (B)快混 (C)沉砂 (D)攔汙。

(　) 3. 要清除水中雜質方法之一是加入凝聚劑，下列哪項是常用凝聚劑？

(A)明礬 (B)硫酸 (C)氫氧化鈉 (D)臭氧。

(　) 4. 水的消毒可加入何種物質？

(A)明礬 (B)硫酸 (C)氫氧化鈉 (D)臭氧。

(　) 5. 硬水含有高濃度的那些離子？

(A)鉀離子、鈉離子　　　　　　(B)鉀離子、鈣離子

(C)鈣離子、鎂離子　　　　　　(D)鎂離子、鈉離子。

(　) 6. 含有下列哪種成分的水為暫時硬水？

(A)碳酸氫鈣 (B)氯化鈣 (C)氯化鎂 (D)硫酸鈣。

(　) 7. 哪一種<u>不是</u>軟化硬水的方法？

(A)煮沸法 (B)碳酸鈉法 (C)凝固法 (D)蒸餾法。

(　) 8. 將硬水通過裝有泡沸石的管柱，硬水中的鈣離子或鎂離子與泡沸石中的何種離子交換？

(A)氯離子 (B)氫離子 (C)氫氧離子 (D)鈉離子。

(　) 9. 鍋垢的主要成分是？

(A)氫氧化鈣 (B)碳酸鈣 (C)硫酸鈣 (D)氧化鈣。

(　) 10.熟石灰是哪一種化學物質？

(A)氫氧化鈣 (B)碳酸鈣 (C)硫酸鈣 (D)氧化鈣。

(　) 11.海水嚐起來會苦的原因是因為海水含有哪種鹽類？

(A)氯化鈉 (B)氯化鉀 (C)氯化鎂 (D)氯化鈣。

(　　) 12.利用加壓使水分子由高濃度的海水經半透膜析出而分離的海水淡化法稱為什麼？
(A)蒸餾法　(B)離子交換法　(C)逆滲透法　(D)凝固法。

(　　) 13.海水淡化近來常用逆滲透法，其原理可用下列那一個圖來表示？

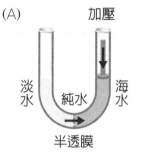
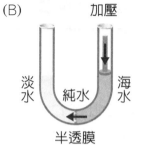
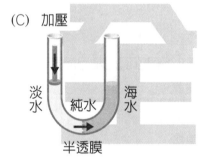
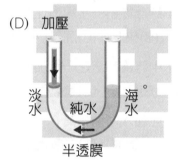

(　　) 14.哪種水汙染可能導致畸形魚(秘雕魚)出現？
(A)低氧水體　(B)高氧水體　(C)低溫水體　(D)高溫水體。

(　　) 15.含何種物質的清潔劑與農藥會助長藻類的繁殖，導致水體優養化？
(A)鉀、鈉　(B)氮、磷　(C)氯、碘　(D)氧、氫。

(　　) 16.清潔劑大量排入水體後會在表面產生何種現象，阻隔氧氣溶入水中，使得水中溶氧降低，造成水中生物無法生存？
(A)黏膜　(B)泡沫　(C)吸附　(D)酸化。

(　　) 17.水俁病是哪一種重金屬中毒引起的疾病？
(A)鉛　(B)鎘　(C)汞　(D)錳。

(　　) 18.水龍頭可能含有哪一種重金屬易造成汙染？
(A)鉛　(B)鎘　(C)汞　(D)錳。

(　　) 19.哪一項為水體的生物性汙染衡量指標？
(A)酸鹼值　(B)離子含量　(C)重金屬含量　(D) 菌總數。

2-2 (　) 20. 植物行光合作用製造何種氣體？
(A)氫氣　(B)氧氣　(C)氮氣　(D)二氧化碳。

(　) 21. 食品加工業者常將何種氣體填充在罐頭內，以利食品的保存？
(A)氫氣　(B)氧氣　(C)氮氣　(D)二氧化碳。

(　) 22. 何種氣體性質安定既不可燃也不助燃，在室溫下幾乎不發生任何反應？
(A)氫氣　(B)氧氣　(C)氮氣　(D)二氧化碳。

(　) 23. 臭氧層包含在哪一個大氣分層中？
(A)對流層　(B)平流層　(C)中氣層　(D)增溫層。

(　) 24. 哪一個大氣分層的層頂，溫度可降至零下95°C左右，也是整個大氣層最冷的地方？
(A)對流層　(B)平流層　(C)中氣層　(D)增溫層。

(　) 25. 氯氣比空氣重且易溶於水，適合用何種方法收集？
(A)排水集氣法　(B)向上排氣法　(C)向下排氣法　(D)以上皆可。

(　) 26. 在高溫下讓水蒸汽和甲烷反應，產生那些氣體？
(A)一氧化碳和氫氣　　　　　(B)一氧化碳和氧氣
(C)二氧化碳和氫氣　　　　　(D)二氧化碳和氧氣。

(　) 27. 將純淨空氣通過灼熱的銅粉(或銅絲網)除去氧，剩餘何種氣體？
(A)氧氣　(B)氨氣　(C)氫氣　(D)氮氣。

(　) 28. 下列哪種氣體來自不完全燃燒產生，為無色、無味、無刺激的有毒氣體？
(A)SO_2　(B)CO　(C)CO_2　(D)H_2。

(　) 29. 下列哪種氣體屬於溫室氣體？
(A)SO_2　(B)N_2　(C)O_2　(D)CO_2。

(　) 30. 有關溫室效應，下列哪一項敘述是引起地球表面溫度逐漸昇高的主要理由？
(A)大氣中的二氧化碳大量吸收紅外線，減少地球表面的熱能散逸至太空中
(B)大氣中的二氧化碳大量吸收陽光中能量較大的紫外線
(C)陽光中的紫外線破壞大氣中的臭氧層
(D)因臭氧層的破洞，陽光中的紫外線能直接照射在地球表面。

2-3 (　) 31. 土壤的物理性質<u>不包括</u>下列哪一項？
(A)通氣性　(B)排水性　(C)酸鹼度　(D)黏性。

( ) 32. 土壤依垂直位置，由上而下可區分為哪三個部分？

(A)表土、心土、底層　　　　(B)心土、底層、表土

(C)表土、底層、心土　　　　(D)新土、表土、底層。

( ) 33. 土壤中礦物質的主要成分是什麼？

(A)矽酸鹽　(B)硫酸鹽　(C)碳酸鹽　(D)溴酸鹽。

( ) 34. 土壤的分層中，哪一層含有最多的礦物質？

(A)表土　(B)底層　(C)心土　(D)未風化岩石。

( ) 35. 土壤的分層中，哪一層為植物賴以生長的主要部分？

(A)表土　(B)底層　(C)心土　(D)未風化岩石。

( ) 36. 高速公路兩旁土壤的鉛含量與高速公路的交通流量成何種關係？

(A)正比關係　(B)反比關係　(C)不成比例　(D)沒有關係。

( ) 37. 豬糞尿中含有高濃度的氮與何種物質，排放到土壤，反而不利農作物生長？

(A)糖分　(B)鹽分　(C)酸性物質　(D)鹼性物質。

( ) 38. 自帶環保杯，這樣的行為屬於環保4R當中的哪一項？

(A)減少使用　(B)重複使用　(C)循環再用　(D)替代使用。

( ) 39. 回收寶特瓶再製成衣服，這樣的行為屬於環保4R當中的哪一項？

(A)減少使用　(B)重複使用　(C)循環再用　(D)替代使用。

二、進階題

2-1 ( ) 1. 清除水中懸浮物的步驟正確者為？

(A)沉澱、過濾、沉砂、快混、膠凝、攔汙

(B)沉砂、快混、膠凝、攔汙、沉澱、過濾

(C)攔汙、沉砂、快混、膠凝、沉澱、過濾

(D)過濾、沉砂、快混、膠凝、沉澱、攔汙。

( ) 2. 關於硬水的敘述何者錯誤？

(A)由於硬水對健康有影響，因此須將水中鈣、鎂離子全數去除

(B)水的硬度太高會影響口感，喝起來不太可口

(C)硬水降低肥皂的清潔作用

(D)暫時硬水煮沸會產生鍋垢。

(　) 3. 關於海水資源的敘述，何者正確？
(A)海水中金屬離子前二名為鈉離子、鎂離子
(B)粗鹽易潮解是因含有氯化鎂
(C)粗鹽具苦味是因含有氯化鈉
(D)海水中所溶解的物質遠少於自然界元素。

(　) 4. 金門若欲實行海水淡化來提供飲水，下列何種方法在原理上完全<u>不可行</u>？
(A)加明礬使海水中的鹽分離子沉澱而淡化
(B)利用太陽能將海水蒸餾淡化
(C)將海水緩慢降溫凝固以獲取淡化之飲水
(D)將海水通過離子交換樹脂，以除去所含的離子。

(　) 5. 所謂COD值代表的意義為何？
(A)水中有機物用化學方法氧化時所消耗的氧量
(B)水中有機物用化學方法氧化時所釋放的氧量
(C)水中有機物用生物方法氧化時所消耗的氧量
(D)水中有機物用生物方法氧化時所釋放的氧量。

2-2 (　) 6. 下列關於大氣的溫度分層敘述何者錯誤？
(A)對流層內氣溫隨高度升高而下降
(B)平流層氣溫隨高度之增高而上升
(C)中氣層氣溫隨高度升高而上升
(D)增溫層氣溫隨高度增高而上升。

(　) 7. 下列哪種氣體係由工業廢氣當中的氮氧化物與碳氫化合物經過日光照射後產生之二次汙染物，具強氧化力，可用來殺菌，但對人類呼吸系統具刺激性？
(A)SO_2　(B)O_3　(C)CO_2　(D)H_2。

三、問答題

2-1 1. 請調查家裡的自來水來自於哪個水源？

（請沿虛線撕下）

2. 洗衣服要使用硬水還是軟水？請說明理由。

2-2 3. 請調查造成溫室效應的氣體除了二氧化碳以外，還有哪些溫室氣體？

得　分　**全華圖書**

化學(第三版)

學後評量

CH3 化學反應

班級：＿＿＿＿＿＿＿＿

學號：＿＿＿＿＿＿＿＿

姓名：＿＿＿＿＿＿＿＿

A

學後評量

一、基礎題

3-1 (　) 1. 請問 $_Z^A M$ 的A是指什麼數值？
(A)元素符號　(B)中子數　(C)電子數　(D)質量數。

(　) 2. 質量數是哪些數值相加的總和？
(A)中子數、粒子數、電子數　　　(B)中子數、電子數
(C)中子數、質子數　　　　　　　(D)電子數、粒子數。

(　) 3. 湯姆森用陰極射線管實驗發現了什麼？
(A)中子　(B)質子　(C)電子　(D)原子。

(　) 4. 元素的化學性質取決於原子的什麼？
(A)質量數　(B)中子數　(C)最外層電子數。

(　) 5. 目前使用的元素週期表，是依據什麼排列而成的？
(A)原子序　(B)原子量　(C)質子數　(D)中子數　(E)質量數。

(　) 6. 鎂(Mg)的電子排列？(原子序：Mg = 12)
(A) (2, 8, 1)　(B) (2, 8, 2)　(C) (2, 8, 3)　(D) (2, 8, 4)　(E) (2, 8, 5)。

(　) 7. 鈣離子(Ca^{2+})的電子排列？(原子序：Ca = 20)
(A) (2, 8, 8)　(B) (2, 8, 8, 1)　(C) (2, 8, 8, 2)　(D) (2, 8, 8, 3)　(E) (2, 8, 8, 4)。

(　) 8. 氯離子(Cl^-)的電子排列？(原子序：Cl = 17)
(A) (2, 8, 7)　(B) (2, 8, 8)　(C) (2, 8, 8, 1)　(D) (2, 8, 8, 2)　(E) (2, 8, 8, 3)。

(　) 9. 下列各元素的電子排列敘述何者錯誤？
(A) C (2, 4)　(B) O (2, 6)　(C) Ne (2, 8)　(D) Na (2, 8, 1)　(E) Cl (2, 8, 6)。

(　) 10.下列哪個元素的電子排列到第三層？
(A) C (2, 4)　(B) O (2, 6)　(C) F (2, 7)　(D) Ne (2, 8)　(E)Cl (2, 8, 6)。

(　) 11.下列哪個元素的電子排列最外層電子個數相同？
(A) H, C　(B) O, Na　(C) K, F　(D) Ne, Ar　(E) Mg, Cl。

( ) 12.利用共用價電子對的方式所形成的作用力,稱為何種化學鍵?
(A)金屬鍵　(B)共價鍵　(C)離子鍵　(D)氫鍵　(E)凡得瓦力。

( ) 13.在常態下,下列物質何者具有離子鍵?
(A) HCl　(B) KCl　(C) CO_2　(D) H_2O　(E) NH_3。

( ) 14.在常態下,下列物質何者具有共價鍵?
(A) KF　(B) Ne　(C) NH_3　(D) NaCl　(E) Fe。

( ) 15.在常態下,下列物質何者具有金屬鍵?
(A) KF　(B) Ne　(C) NH_3　(D) NaCl　(E) Fe。

3-2 ( ) 16.下列敘述何者正確?
(A)在電中性原子中,中子數等於質子數
(B)葡萄糖(CH_2O)是分子式
(C)示性式為簡化後的分子式
(D)電子會由能量最低、最靠近原子核的第一層軌域開始填起。

( ) 17.請問甲醇的分子式是下列何者?
(A) CH_3OH　(B) CH_4O　(C) C_2H_5OH　(D) C_2H_6O。

( ) 18.甲醇的實驗式(簡式)是下列何者?
(A) CH_3OH　(B) CH_4O　(C) C_2H_5OH　(D) C_2H_6O。

( ) 19.甲醇的示性式是下列何者?
(A) CH_3OH　(B) CH_4O　(C) C_2H_5OH　(D) C_2H_6O。

( ) 20.甲酸的分子式是下列何者?
(A) CH_3OH　(B) CH_4O　(C) HCOOH　(D) CH_2O_2。

( ) 21.醋酸(乙酸)的實驗式(簡式)是下列何者?
(A) CH_2O　(B) $C_2H_4O_2$　(C) CH_3COOH　(D) C_2H_5COOH。

( ) 22.丙酸的示性式是下列何者?
(A) $C_2H_4O_2$　(B) $C_3H_6O_2$　(C) CH_3COOH　(D) C_2H_5COOH。

( ) 23.MnO_2在雙氧水分解中擔任什麼角色?
(A)催化劑　(B)還原劑　(C)氧化劑　(D)沒有作用。

( ) 24.下列代表物質狀態的英文何者正確?
(A) g為氣體　(B) aq為固體　(C) l為水溶液　(D) s為液體。

( ) 25.有關於A物質和B物質反應：2A ＋ B → 3C ＋ D若取A物質12克和B物質30克，反應之後，剩餘A物質5克，B物質完全用完，生成D物質14克，試問生成物C物質為多少克？

(A) 23 (B) 25 (C) 27 (D) 29。

3-3 ( ) 26.下列敘述何者正確？

(A)溶液不一定是均勻混合物

(B)溶液可能為固態、液態或是氣態

(C)無論溶液中是否含有水，含量最多的物質為溶劑

(D)霧霾是氣體溶於氣體的一種例子。

( ) 27.下列何者<u>不是</u>混合物？

(A)18 K金 (B)石墨棒 (C)合金 (D)空氣。

( ) 28.下列敘述何者正確？

(A)陰離子很難溶於水

(B)葡萄糖、蔗糖、乙醇及硝酸皆屬於分子化合物

(C)所有分子化合物在水中都可解離出正負離子

(D)醋酸在水中可完全解離。

( ) 29.一莫耳的氯化鈉等於多少公克？(原子量：Na = 23、Cl = 35.5)

(A) 58.5 (B) 35.5 (C) 23 (D) 117。

( ) 30.下列對溶液的敘述何者正確？

(A)溶液必可以導電 (B)溶液在常溫常壓一定為液態

(C)空氣為一種溶液 (D)兩物質形成溶液時均可以任意比例混合。

( ) 31.在常溫下，任何水溶液的氫離子濃度與氫氧根離子濃度的乘積都會是定值。$[H^+] \times [OH^-] = 10^{-14} \ M^2$從濃度的關係中我們可以知道，若$[H^+] = 10^{-2} \ M$，則此溶液的酸鹼性為？

(A) 酸性 (B) 中性 (C) 鹼性。

( ) 32.鹽酸溶液0.1M其pH為何？

(A) 1 (B) 11 (C) 13 (D) 14 (E) 15。

( ) 33.鹽酸溶液0.1M其pOH為何？

(A) 1 (B) 11 (C) 13 (D) 14 (E) 15。

( ) 34.鹽酸溶液pH為2，試問為多少M？

(A)0.1 (B) 0.01 (C) 0.001 (D) 0.0001 (E) 2。

( ) 35. 氫氧化鈉溶液0.1M其pH為何？

(A) 1　(B) 11　(C) 13　(D) 14　(E) 15。

( ) 36. 氫氧化鈉溶液0.1M其pOH為何？

(A) 1　(B) 11　(C) 13　(D) 14　(E) 15。

( ) 37. 氫氧化鈉溶液pOH為2，試問為多少M？

(A) 0.1　(B) 0.01　(C) 0.001　(D) 0.0001　(E) 2。

( ) 38. 下列有關pH的敘述，何者正確？

(A) pH值可以為0　　　　　　　(B) pH值愈大，[H^+]愈大

(C) pH值必為正數　　　　　　　(D) pH值愈小，鹼性愈大。

3-4 ( ) 39. 下列有關酸鹼中和反應的敘述，何者正確？

(A)是吸熱反應　　　　　　　(B)必定會產生氣體

(C)酸鹼中和的產物是水和鹽　　(D)必定會產生。

( ) 40. 此反應式 $2H_2O_{2(aq)} \rightarrow H_2O_{(l)} + O_{2(g)} + $ 熱　是什麼反應？

(A)吸熱反應　(B)放熱反應　(C)氧化反應　(D)酸鹼中和反應。

( ) 41. 在生物體中，通常維生素C的用途，是屬於下列何者？

(A)催化劑　(B)抗氧化劑　(C)抗還原劑　(D)氧化劑。

二、進階題

3-1 ( ) 1. 在電中性原子中，哪一個數值與其他三者<u>不同</u>？

(A)原子序　(B)中子數　(C)核外電子數　(D)質子數。

( ) 2. 下列敘述何者正確？

(A)所有的原子核內都含有質子和中子

(B)道耳頓認為一切都是由原子組成的

(C)原子質量幾乎等於原子核的質量，且原子核不帶電

(D)所有原子都含有質子、電子和中子。

( ) 3. 原子之結構，下列敘述何者<u>錯誤</u>？

(A)原子核中質子數和中子數之和稱為質量數

(B)構成原子之基本粒子是原子核

(C)凡原子序相同，而質量數不同者稱為同位素

(D)原子核中質子數目即為原子序。

( ) 4. 下列關於原子的描述中，何者<u>錯誤</u>？

（原子序：C = 6；N = 7；O = 8；F = 9）

(A) ^{13}N與^{14}N具有相同的質量數　　(B) ^{16}O與^{17}O具有相同的電子數

(C) ^{12}C與^{13}C具有相同的原子序　　(D) ^{18}O與^{19}F具有相同的中子數。

( ) 5. $^{3}_{1}H(T)$的質量數、原子序、質子數、中子數和電子數，各是多少？

(A) 3、1、2、2、2　　　　　　(B) 2、1、1、0、1

(C) 3、1、1、2、1　　　　　　(D) 0、1、1、2、2。

( ) 6. 銅有兩種同位素^{63}Cu和^{65}Cu，在基本穩定的狀態下，下列敘述何者<u>錯誤</u>？

（原子序：Cu = 29）

(A)原子序和質子數相同

(B)質量數和中子數皆不相同

(C)電子的排列相同

(D)化學性質和物理性質皆相同。

( ) 7. 亞銅離子(Cu^+)有34個中子，28個電子，請問質量數為多少？

(A) 61　(B) 63　(C) 65　(D) 67。

( ) 8. 甲、乙、丙、丁為原子或離子，其所含的質子、中子與電子的數目如下表。

	甲	乙	丙	丁
質子數	15	17	17	15
中子數	16	19	18	18
電子數	15	17	16	16

請依此表的數據，判斷下列敘述何者<u>錯誤</u>？

(A)甲丙丁為同位素　(B)甲丁為同位素　(C)丙丁為離子　(D)乙丙為同位素。

( ) 9. 將以下粒子由大到小排列，何者正確？

(A)分子＞電子＞原子　　　　　(B)原子＞分子＞電子

(C)分子＞原子＞電子　　　　　(D)電子＞分子＞原子。

3-2 ( ) 10.求出此平衡式$aCH_4 + bO_2 \rightarrow cCO_2 + dH_2O$的係數相加$(a + b + c + d)$為何？

(A) 6　(B) 5　(C) 3　(D) 4。

( ) 11.求出此平衡式$aH_2O_{2(aq)} \xrightarrow{MnO_2} bH_2O_{(l)} + cO_{2(g)}$的係數相加$(a + b + c)$為何？

(A) 6　(B) 5　(C) 3　(D) 4。

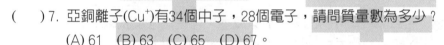

(　) 12. 蔗糖34.2克　($C_{12}H_{22}O_{11}$，分子量 = 342)，所含氫原子的莫耳數為若干？
(A) 0.2 mol　(B) 0.6 mol　(C) 1.2 mol　(D) 1.6 mol　(E) 2.0 mol。

(　) 13. 蔗糖34.2克　($C_{12}H_{22}O_{11}$，分子量 = 342)，所含氧原子的莫耳數為若干？
(A) 0.2 mol　(B) 0.6 mol　(C) 1.2 mol　(D) 1.6 mol　(E) 2.0 mol。

(　) 14. 已知氧的原子量為16，下列敘述何者正確？
(A) 1公克的氧含有6×10^{23}個碳原子　　　(B) 16個氧原子的質量為1公克
(C) 6.02×10^{23}個氧原子的質量為16公克　(D) 1個氧原子的質量為12公克。

(　) 15. 下列各化合物各1mole，哪一個有最多的原子克數？
(原子量：C = 12，H = 1，O = 16)
(A) H_2O　(B) CO_2　(C) C_2H_5OH　(D) C_5H_{12}

(　) 16. 下列有關1莫耳的水分子的敘述，何者正確？
(A)含6.02×10^{23}個氧原子　　　(B)含有1.204×10^{24}個氫分子
(C)含有1個水分子　　　(D)含1.806×10^{24}個分子。

(　) 17. 甲烷燃燒，若取3莫耳甲烷和3莫耳氧氣反應，何者為限量試劑？
(A)甲烷　(B)氧氣　(C)二氧化碳　(D)水　(E)以上皆是。

(　) 18. 取2莫耳聯胺(N_2H_4)，2莫耳四氧化二氮(N_2O_4)，其平衡反應式為：
$N_2H_{4(l)} + N_2O_{4(l)} \rightarrow 3N_{2(g)} + 4H_2O_{(g)}$，何者為限量試劑？
(A) N_2H_4　(B) N_2O_4　(C) N_2　(D) H_2O　(E)以上皆是。

3-3 (　) 19. 下列何者可得20%葡萄糖水溶液？(設水的密度為$1g/cm^3$)
(A)稱取20克葡萄糖，加入100克水中
(B)稱取20克葡萄糖，加入200毫升水中
(C)稱取40克葡萄糖，加入200克水中
(D)稱取40克葡萄糖，加入160毫升水中。

(　) 20. 將50.0克的氯化鈉溶於200.0克的水中，試求其重量百分率濃度？
(A) 20%　(B) 25%　(C) 30%　(D) 35%。

(　) 21. 每毫升中含氯化鈉58.5毫克，試問含鈉離子多少M？(NaCl = 58.5)
(A) 0.25　(B) 0.5　(C) 0.75　(D) 1。

(　) 22. 今取19.6克的硫酸溶於水，配置成1200毫升的硫酸溶液，試問其莫耳濃度？
(硫酸的分子量為98g/mol)
(A) 0.18　(B) 0.55　(C) 0.17　(D) 0.14。

(　) 23. 今有1升的水，其中含有0.03克的氧，試問該水含氧多少ppm？

(A) 32　(B) 20　(C) 16　(D) 10　(E) 2　ppm。

(　) 24. 瓶裝飲用水上標示：每瓶容量3300mL，成分中含有44.0mg的鈣，根據此標示，請問每瓶水中鈣的濃度為多少ppm？

(A) 11　(B) 12　(C) 13　(D) 17。

(　) 25. 生理食鹽水的濃度為0.8%，今欲配成500.0克之生理食鹽水，試問需要取多少克的食鹽溶於多少毫升的水中？

(A) 0.8克的食鹽溶於499.2毫升的水中

(B) 4克的食鹽溶於496毫升的水中

(C) 8克的食鹽溶於492毫升的水中

(D) 10克的食鹽溶於490毫升的水中。

(　) 26. 氫分子與氮分子反應將產生氨分子，其反應式為：$N_2 + 3H_2 \rightarrow 2NH_3$，若將42克的氮分子與6克的氫分子混合反應，試問最多可以產生多少克的氨分子？(N = 14；H = 1)

(A) 17　(B) 34　(C) 68　(D) 86。

(　) 27. 下列各種物質何者所含的原子數量最多？

(原子量：Na = 23、O = 16、H = 1、C = 12)

(A) 4.2×10^{24}個鈉原子　　　(B) 72克的水分子

(C) 44克的二氧化碳分子　　　(D) 10莫耳的氨氣。

(　) 28. 下列四種物質：(甲) 6莫耳水；(乙) 6莫耳二氧化碳；(丙) 6莫耳氧氣；(丁) 6莫耳的氨。則質量由大到小依序為何？

(原子量：N = 14，C = 12，H = 1，O = 16)

(A)乙＞丁＞甲＞丙　　　(B)乙＞丙＞甲＞丁

(C)甲＞丁＞乙＞丙　　　(D)乙＞甲＞丙＞丁。

3-4 (　) 29. 燒杯內裝0.60M的鹽酸60毫升，需加入多少毫升的0.20M氫氧化鈉才能完全中和？

(A) 90　(B) 120　(C) 160　(D) 180。

(　) 30. 以0.90M的氫氧化鈉320毫升溶液滴定180毫升的鹽酸完全中和，請問鹽酸的濃度為多少M？

(A) 1.6　(B) 1.8　(C) 2.5　(D) 3。

（請沿虛線撕下）

(　) 31.下列有關氧化反應、還原反應之敘述正確者為何？

(A)氧化反應一定有獲得氧，還原反應一定有失去氧

(B)氧化反應是物質得到電子的作用，還原反應是物質失去電子的作用

(C)氧化反應是失去H^+

(D) $Mg \rightarrow Mg^{2+} + 2e^-$ 為還原反應

(E)氧化還原反應同時發生同時進行。

(　) 32.下列何者是「氧化還原」反應？

(A) $2NaCl_{(l)} \xrightarrow{\text{電解}} 2Na_{(s)} + Cl_{2(g)}$

(B) $ZnS_{(s)} + 2HCl_{(aq)} \rightarrow ZnCl_{2(aq)} + H_2S_{(g)}$

(C) $2HNO_{3(aq)} + Ca(OH)_{2(aq)} \rightarrow Ca(NO_3)_{2(aq)} + 2H_2O_{(aq)}$

(D) $AgNO_{3(aq)} + KCl_{(aq)} \rightarrow AgCl_{(s)} + KNO_{3(aq)}$。

三、問答題

3-1　1. 請分別描寫三種化學鍵的性質。

2. 各列舉三個同位素相同和相異的點。

3-2　3. 寫出雙氧水水解的平衡方程式。

3-3　4. 請以氣態溶液、液態溶液及固態溶液各列舉三個實例。

3-4　5. 何謂(1)酸鹼中和反應(2)氧化還原反應。

得　分　　**全華圖書**

化學(第三版)

學後評量

CH4 化學與能源

班級：＿＿＿＿＿＿＿＿＿

學號：＿＿＿＿＿＿＿＿＿

姓名：＿＿＿＿＿＿＿＿＿

一、基礎題

4-1 (　) 1. 下列何者<u>不是</u>化石燃料？

(A)煤　(B)石油　(C)天然氣　(D)水。

(　) 2. 煤碳的主要成分為何？

(A)水　(B)碳　(C)硫　(D)以上皆非。

(　) 3. 將煤隔絕空氣加熱至高溫的分解過程稱為？

(A)乾餾　(B)蒸餾　(C)分化　(D)風化。

(　) 4. 煤焦為煤隔絕空氣加熱至高溫分解的？

(A)液態產物　(B)固態產物　(C)非牛頓流體　(D)氣態產物。

(　) 5. 煤隔絕空氣加熱至高溫的分解過程的氣態產物？

(A)煤　(B)煤焦　(C)煤氣　(D)煤炭。

(　) 6. 煤隔絕空氣加熱至高溫分解產生的液態產物主要含有何種成分，可用於醫藥及染料？

(A)碳　(B)芳香烴　(C)酒精　(D)以上皆非。

(　) 7. 下列何種煤碳的含碳量最高？

(A)泥煤　(B)褐煤　(C)無煙煤　(D)煙煤。

(　) 8. 泥煤的含碳量約為？

(A)95%　(B)85%　(C)50%　(D)70%。

(　) 9. 將適量的水蒸氣通入紅熱的煤焦，產生一氧化碳和氫氣的混合氣體稱為什麼？

(A)水蒸氣　(B)氧氣　(C)水煤氣　(D)二氧化碳。

(　) 10.將適量的水蒸氣通入紅熱的煤焦，產生一氧化碳和氫氣的混合氣體，這個反應是吸熱反應，適合在何種溫度下進行？

(A)常溫　(B)高溫　(C)低溫　(D)燃點。

(　) 11.煤主要用來當作何種發電法的燃料？

(A)水力發電　(B)風力發電　(C)火力發電　(D)核能發電

（請沿虛線撕下）

（　　）12.石油的來源是什麼？
(A)菸蒂　(B)古代動植物遺骸　(C)塑膠袋　(D)煤碳。

（　　）13.未經加工的石油稱為什麼？
(A)原油　(B)黑油　(C)粗油　(D)重油。

（　　）14.原油製造成石油產品的過程稱為？
(A)提油　(B)煉油　(C)取油　(D)挖油。

（　　）15.石油的主要成分是什麼？
(A)氫　(B)鉀　(C)硼　(D)烷烴。

（　　）16.天然氣主要成分為？
(A)甲烷、乙烷　(B)丙烷、丁烷　(C)乙醛　(D)丙醛。

（　　）17.原油中分子量較大的烴類裂解成小分子的烷或烯可加工製成什麼？
(A)塑膠　(B)纖維　(C)清潔劑　(D)以上皆是。

（　　）18.煉油精製過程中產生並回收加壓裝入鋼瓶中供用戶使用的氣體為何？
(A)氖氣　(B)氦氣　(C)液化石油氣　(D)天然氣。

（　　）19.分餾的原理是利用混合物的何種性質，藉由加熱將其分離的過程？
(A)含碳成分　(B)含氫成分　(C)沸點高低不同　(D)遇熱產生的化學變化。

（　　）20.莫耳燃燒熱的定義為在什麼條件下，一莫耳物質和氧完全燃燒時所放的熱
量，其單位為千焦耳/莫耳？
(A)25°C和一大氣壓　　　　　　　　(B)0°C和一大氣壓
(C)25°C和零大氣壓　　　　　　　　(D)100°C和一大氣壓。

（　　）21.何者的熱值是所有化石燃料、化工燃料和生物燃料中最高的物質？
(A)丁烷　(B)乙烷　(C)氫氣　(D)甲烷。

（　　）22.辛烷值是決定何種性質的重要指標？
(A)方向盤靈活性　(B)輪胎防刺性　(C)汽車避震性　(D)引擎抗震爆性。

（　　）23.下列常見烷烴的辛烷值何者最高？
(A)正戊烷　(B)甲醇　(C)乙醇　(D)甲基三級丁基醚。

（　　）24.辛烷值越高，抗震爆程度如何？
(A)高　(B)低　(C)不一定。

（　　）25.早期台灣為提高汽油的辛烷值，會添加下列何種物質？
(A)二氧化鉛　(B)四乙基鉛　(C)二氧化硫　(D)以上皆非。

( ) 26.鉛被人體吸入可能導致甚麼問題？
(A)中樞神經麻痺　(B)末梢血液不循環　(C)眼睛凸出　(D)以上皆是。

4-2 ( ) 27.化學電池的原理為？
(A)化合反應　(B)有機反應　(C)氧化還原反應　(D)燃燒反應。

( ) 28.勒克朗社電池是什麼？
(A)乾電池　(B)鎳鎘電池　(C)鉛蓄電池　(D)燃料電池。

( ) 29.碳鋅電池屬於不可再充電的一次性電池，其電壓為多少？
(A) 1伏特　(B) 1.5伏特　(C)1. 2伏特　(D)2伏特。

( ) 30.鋅銅電池的正極為？
(A)鋅Zn　(B)硫酸銅$CuSO_4$　(C)硫酸鋅$ZnSO_4$　(D)銅Cu。

( ) 31.硫酸銅溶液的顏色為？
(A)紅色　(B)黃色　(C)紫色　(D)藍色。

( ) 32.鋅銅電池開始氧化還原反應後，硫酸銅溶液顏色將如何變化？
(A)不變　(B)變深　(C)變淡　(D)不一定。

( ) 33.以下電池，何者為一次性電池？
(A)鉛蓄電池　(B)鋰離子電池　(C)鎳鎘電池　(D)水銀電池。

( ) 34.下列何種電池為可充電之二次電池？
(A)乾電池　(B)水銀電池　(C)鹼性電池　(D)鋰離子電池。

( ) 35.鹼性電池是指使用鹼性電解液的電池，其電解質為？
(A)氯化銨　(B)氫氧化鉀　(C)硫酸銅　(D)硫酸鋅。

( ) 36.關於鹼性電池的敘述何者有誤？
(A)電壓較不穩定
(B)電壓約為1.5伏特
(C)屬於不可再次充電的一次性電池
(D)放電量較大。

( ) 37.智慧型手機使用的是下列何種電池？
(A)燃料電池　(B)鋰離子電池　(C)鎳鎘電池　(D)水銀電池。

( ) 38.手錶、相機等精密儀器使用的是下列何種電池？
(A)水銀電池　(B)鋰離子電池　(C)鎳鎘電池　(D)鉛蓄電池。

（　　）39.水銀電池的正負極成分分別為何？

(A)正：氫氧化鉀；負：汞　　　　(B)正：汞；負：鋅

(C)正：氧化汞；負：鋅　　　　(D)正：氧化鋅；負：氧化汞。

（　　）40.甲基汞為何種病症之致病原因？

(A)自閉症　(B)水俁病　(C)痛痛病　(D)被害妄想症。

（　　）41.下列何種電池使用後必須回收處理？

(A)鎳鎘電池　(B)乾電池　(C)水銀電池　(D)所有廢電池都必須回收。

（　　）42.$2H_{2(g)} + O_{2(g)} \rightarrow 2H_2O_{(l)}$為哪種電池的總反應式？

(A)氫氧燃料電池　(B)鹼性電池　(C)乾電池　(D)鎳鎘電池。

（　　）43.下列關於燃料電池的敘述，何者錯誤？

(A)用完就丟棄

(B)用完須補充燃料

(C)造價高

(D)穩定供應氧和燃料來源，即可持續不間斷的提供穩定電力，直至燃料耗盡。

（　　）44.關於電池敘述何者錯誤？

(A)應放置於陰涼乾燥處

(B)應選購品質可靠有商譽的電池

(C)所有電池的性能與保養的方法都相同

(D)使用後需回收。

（　　）45.下列何者為鎳鎘電池的優點？

(A)放電時電壓變化不大　　　　(B)不需要完全放電即可再充電

(C)體積為所有電池中最小的　　(D)不須充電。

4-3（　　）46.能源分為哪兩大類？

(A)動物能源與植物能源　　　　(B)非再生能源與再生能源

(C)汙染能源與乾淨能源　　　　(D)能源沒有分類。

（　　）47.使用過後無法再重複使用的消耗性能源稱為？

(A)植物能源　(B)再生能源　(C)動物能源　(D)非再生能源。

( ) 48.關於再生能源的敘述何者<u>有誤</u>？

　　(A)可以提高台灣的能源自主率

　　(B)能量來源來大自然，取之不盡，發電成本較低

　　(C)降低碳排放量，減緩溫室效應

　　(D)再生能源，發電量較不穩定。

( ) 49.核能發電的原料是什麼？

　　(A)鋰　(B)鈾　(C)核　(D)銅。

( ) 50.何者為太陽能應用？

　　(A)太陽能熱水器　(B)太陽能電池　(C)太陽能發電　(D)以上皆是。

( ) 51.目前發展較成熟的再生能源是什麼？

　　(A)水力　(B)地熱　(C)風力　(D)核能。

( ) 52.近年政府極力推行再生能源，下列何者為再生能源？

　　(A)石油　(B)天然氣　(C)風力　(D)煤。

二、進階題

4-1 ( ) 1. 依據碳含量，煤碳可分為四個等級，經測試得知碳含量為80%，根據分類標準應該歸類為什麼？

　　(A)無煙煤　(B)煙煤　(C)褐煤　(D)泥煤。

( ) 2. 將煤隔絕空氣加熱至高溫分解的產物，何者配對<u>錯誤</u>？

　　(A)固態產物：煤　　　　　　(B)液態產物：煤焦油

　　(C)固態產物：煤焦　　　　　(D)液態產物：煤。

( ) 3. 煤隔絕空氣加熱至高溫分解產生的氣態產物主要為？

　　(A)無功能廢氣　(B)煉鐵還原劑　(C)氣體燃料　(D)製作燈泡。

( ) 4. 煤碳是一種？

　　(A)沉積岩　(B)變質岩　(C)火山岩　(D)花崗岩。

( ) 5. 褐煤的特性為？

　　(A)水分含量較多　(B)揮發分較高　(C)揮發水分少　(D)堅硬、黑色光澤。

( ) 6. 原油分餾時，在分餾塔上方及分餾塔下方的餾分比較，請選出正確選項？

　　(A)分餾塔上方的餾分沸點較高　　(B)分餾塔上方的餾分為可燃物質

　　(C)分餾塔下方的餾分碳數較少　　(D)分餾塔下方的餾分平均分子量小。

( ) 7. 關於石油的敘述何者<u>錯誤</u>？
(A)分餾出來的產物仍是混合物
(B)石油分餾無法冷卻成液態的蒸氣為廢氣，會在分餾塔塔頂被收集，需特殊處理才能排放
(C)具有較高沸點的柴油，會在溫度較高的低餾層被收集
(D)煉油的第一階段為分餾。

( ) 8. 關於原油分餾塔的敘述，何者正確？
(A)在低餾層被收集的成份沸點較低
(B)分餾塔塔頂通常收集到液態燃料
(C)高餾層被冷凝成液態收集的成分沸點較高
(D)以上皆非。

( ) 9. 天然氣與液化石油氣兩者的共通點為？
(A)無色　(B)易燃　(C)無味　(D)以上皆是。

( ) 10.天然氣和液化石油氣兩者皆無色、無味、且易燃，但為方便察覺天然氣和液化石油氣的洩漏事件發生，會加入少量具臭味的何種物質？
(A)臭氧　(B)環戊二烯　(C)甲苯　(D)硫醇物質。

( ) 11.關於一氧化碳中毒敘述何者<u>錯誤</u>？
(A)一氧化碳中毒的緊急處理包括關窗戶
(B)中毒嚴重可能死亡
(C)可能發生遲發性腦病變
(D)中毒症狀較輕者，可能會頭暈、頭痛。

( ) 12.碳氫化合物，所含碳氫原子數愈多，莫耳燃燒熱值的改變是如何？
(A)小　(B)大　(C)科學尚未研究　(D)不一定。

( ) 13.甲烷(CH_4)、乙烷(C_2H_6)、丙烷(C_3H_8)燃燒熱值排序何者正確？
(A)乙烷＞甲烷＞丙烷　　　　(B)乙烷＜甲烷＜丙烷
(C)甲烷＜乙烷＜丙烷　　　　(D)甲烷＞乙烷＞丙烷。

( ) 14.關於熱值及莫耳燃燒熱之敘述何者<u>錯誤</u>？
(A)物質的熱值愈高則表示經濟價值愈高，此物質是愈佳的燃料
(B)分子量愈大該物質燃燒熱必定愈大
(C)莫耳燃燒熱與熱值不相同
(D)氫的熱值是所有化石燃料、化工燃料和生物燃料中最高的。

4-2 ( ) 15.下列關於乾電池的敘述何者<u>有誤</u>？

(A)應放置於陰涼乾燥處

(B)電池應長時間放在電器內，避免電解液漏出造成電器損壞

(C)又稱為碳鋅電池

(D)勿破壞鋅錳乾電池的密封良好度，避免電解液中的水分蒸發而無法放電。

( ) 16.乾電池中不參與反應的成分為？

(A)氯化鋅$Zn(NH_3)_2Cl_2$　(B)二氧化錳MnO_2　(C)鋅Zn　(D)碳棒C。

( ) 17.乾電池的電解質<u>不包含</u>下列何者？

(A)二氧化錳　(B)氯化鋅　(C)氫氧化鉀　(D)氯化銨。

( ) 18.化學電池是一種利用氧化還原反應將化學能轉換成電能的裝置，以鋅銅電池為例，下列何者為氧化還原的陽極？

(A)銅　(B)硫酸銅　(C)鋅　(D)鋰。

( ) 19.鋅銅電池正確的總反應式？

(A) $Zn_{(s)} \rightarrow Zn^{2+}_{(aq)} + 2e^-$

(B) $Cu^{2+}_{(aq)} + 2e^- \rightarrow Cu_{(s)}$

(C) $Zn_{(s)} + Cu^{2+}_{(aq)} \rightarrow Zn^{2+}_{(aq)} + Cu_{(s)}$

(D) $Zn^{2+}_{(s)} + Cu_{(aq)} \rightarrow Zn_{(aq)} + Cu^{2+}_{(s)}$。

( ) 20.乾電池負責傳遞電子但沒有參與反應的成分？

(A)二氧化錳　(B)氯化銨　(C)氯化鋅　(D)碳棒。

( ) 21.在下方乾電池反應式中的X，Y分別代表反應式中二氧化錳和氯化銨的係數

$Zn_{(s)} + (X)MnO_{2(s)} + (Y)NH_4Cl_{(aq)} \rightarrow Zn(NH_3)_2Cl_{2(aq)} + Mn_2O_{3(s)} + H_2O_{(l)}$

請問其值各為多少？

(A) X = 1；Y = 1　(B) X = 2；Y = 2　(C) X = 3；Y = 4　(D) X = 4；Y = 4。

( ) 22.鹼性電池以A取代乾電池的B，使其放電量較大，電壓穩定壽命長。請問其A、B依序為？

(A)氫氧化鉀；氯化鋅　　　　　　(B)二氧化錳；氯化銨

(C)鋅；二氧化錳　　　　　　　　(D)氫氧化鉀；氯化銨。

( ) 23.一般汽機車電瓶為12伏特，需要幾顆鉛蓄電池？

(A) 3顆　(B) 4顆　(C) 5顆　(D) 6顆。

( ) 24.下列關於鎳鎘電池的敘述何者<u>不正確</u>？

(A)電壓約1.2伏特　　　　　　　(B)電解液－氫氧化鉀

(C)沒有記憶效應　　　　　　　　(D)鎘屬於重金屬，具有高汙染性。

( ) 25.下列何者電池電壓配對正確？

(A)鎳鎘電池-電壓1.2伏特　　　　(B)鹼性電池-電壓1.35伏特

(C)鉛蓄電池-電壓1.2伏特　　　　(D)乾電池-電壓1伏特。

( ) 26.下列何者為鋅銅電池正確的負(陽)極半反應式？

(A) $Zn_{(s)} + Cu^{2+}_{(aq)} \rightarrow Zn^{2+}_{(aq)} + Cu_{(s)}$

(B) $Zn_{(s)} \rightarrow Zn^{2+}_{(aq)} + 2e^-$

(C) $Pb_{(s)} + PbO_{2(s)} + 2H_2SO_{4(aq)} \rightarrow 2PbSO_{4(s)} + 2H_2O_{(l)}$

(D) $Cu^{2+}_{(aq)} + 2e^- \rightarrow Cu_{(s)}$。

( ) 27.下列何者電池與放電總反應式完全正確？

(A)鋅銅電池$Zn_{(s)} + 2MnO_{2(s)} + 2NH_4Cl_{(aq)} \rightarrow Zn(NH_3)_2Cl_{2(aq)} + Mn_2O_{3(s)} + H_2O_{(l)}$

(B)鹼性電池$4MnO_{2(s)} + H_2O_{(l)} + 2Zn_{(s)} \rightarrow Zn(OH)_{2(s)} + 2 Mn_2O_{3(s)} + ZnO_{(s)}$

(C)鋰離子電池$LixC_{8(s)} + Li_{1-x}CoO_{2(s)} \rightarrow C_{8(s)} + LiCoO_{2(s)}$

(D)乾電池$4MnO_{2(s)} + H_2O_{(l)} + 2Zn_{(s)} \rightarrow Zn(OH)_{2(s)} + 2 Mn_2O_{3(s)} + ZnO_{(s)}$。

( ) 28.下列關於鋰離子電池的敘述何者<u>有誤</u>？

(A)不需定期充放電，延長電池壽命　(B)一般建議至少保留40%電量

(C)能量密度高，相同體積下，蓄電容量高、重量輕　(D)充電前需先放電。

( ) 29.何者<u>不是</u>鋰離子電池的優點？

(A)能量密度高，相同體積下，蓄電容量高，重量輕　(B)不需定期充放電

(C)電壓高(3.6伏特)，可提供較大電流　(D)有記憶效應。

( ) 30.鉛蓄電池放電時會在兩極產生何種物質？

(A)硫酸鈉Na_2SO_4　　　　　　(B)硫酸銨$(NH_4)_2SO_4$

(C)硫酸銅$CuSO_4$　　　　　　　(D)硫酸鉛$PbSO_4$。

4-3 ( ) 31.核融合需在什麼條件下，由兩個或兩個以上較輕的原子核融合成較重原子核的反應？

(A)極低溫、高壓　(B)極低溫、低壓　(C)極高溫、高壓　(D)極高溫、低壓。

( ) 32.下列何者<u>非</u>為核能發電可能造成的影響？

(A)生物基因突變　(B)珊瑚白化現象　(C)痛痛病　(D)內分泌系統機能障礙。

( ) 33.何者<u>非</u>為太陽能發電的優點？
　　(A)太陽提供源源不絕的能量可供長期使用
　　(B)太陽光的照射範圍很寬廣
　　(C)太陽能的能量密度高
　　(D)不會汙染環境。

( ) 34.何者為風力能的優點？
　　(A)風力發電中，會有少部分的能量耗損
　　(B)風力發電過程中完全不需要消耗燃料
　　(C)風扇轉動時所產生的低頻噪音及炫影，對當地居民身心健康及自然生態產
　　　生干擾
　　(D)台灣的風力供應也較不穩定。

( ) 35.早期宜蘭地熱發電技術與發電設備，無法克服何種問題，造成發電量下降？
　　(A)地熱無法運用　　　　　　　(B)地熱碳酸鈉卡垢
　　(C)地熱溫度太高機器無法運作　(D)地熱碳酸鈣卡垢。

三、問答題

4-1 1. 請寫出下列常見燃料的主要成分：
　　(1)煤氣
　　(2)水煤氣
　　(3)天然瓦斯
　　(4)液化石油氣

2. 某種汽油的震爆性與體積組成與80%異辛烷和20%正庚烷之混合物的震爆性相同，則該汽油的辛烷值為多少？

3. 將泥煤、無煙煤、褐煤、次煙煤、煙煤依含碳量多至少排序。

4. 試述大量使用化石燃料，對自然界造成的影響。

4-2 5. 何謂一次電池與二次電池？

4-3 6. 何謂再生能源？

化學(第三版)

學後評量

CH5 生活中的化學

班級：＿＿＿＿＿＿＿＿

學號：＿＿＿＿＿＿＿＿

姓名：＿＿＿＿＿＿＿＿

一、基礎題

5-1（　　）1. 米飯是屬於哪一種營養成分？

(A)蛋白質　(B)醣類　(C)脂肪　(D)礦物質　(E)維生素。

（　　）2. 單醣是醣類中最小的分子，請問下列化合物哪些不屬於單醣？

(A)葡萄糖　(B)蔗糖　(C)果糖　(D)半乳糖。

（　　）3. 下列化合物何者屬於多醣？

(A)果糖　(B)纖維素　(C)麥芽糖　(D)蔗糖　(E)乳糖。

（　　）4. 病人可以藉由注射點滴來補充體力，點滴中主要含有下列何種糖？

(A)葡萄糖　(B)乳糖　(C)果糖　(D)麥芽糖　(E)澱粉。

（　　）5. 對嬰兒時期腦部發育有極重要影響的醣類是？

(A)葡萄糖　(B)麥芽糖　(C)果糖　(D)半乳糖。

（　　）6. 砂糖的成分中含下列何種元素？

(A) N.H.O　(B) C.H.N　(C) C.H.O　(D) C.O.N。

（　　）7. 澱粉和纖維素都是由下列哪一種糖聚合而成？

(A)蔗糖　(B)果糖　(C)葡萄糖　(D)半乳糖。

（　　）8. 有關蔗糖、麥芽糖、乳糖三種雙糖，其水解後均會生成哪一種單醣？

(A)果糖　(B)半乳糖　(C)葡萄糖　(D)肝醣　(E)澱粉。

（　　）9. 蛋白質的單體？

(A)脂肪酸　(B)胺基酸　(C)葡萄糖　(D)果糖　(E)脂肪。

（　　）10.茶葉中的咖啡因會刺激腦部導致晚上失眠，請問下列何種茶的咖啡因含量最多？

(A)紅茶　(B)綠茶　(C)包種茶　(D)烏龍茶。

（　　）11.我們常常喝的綠茶是屬於下列何種茶？

(A)未發酵茶　(B)半發酵茶　(C)發酵茶　(D)後發酵茶。

＜背面尚有試題＞

( ) 12. 下列保存技術及產品的配對，何者<u>錯誤</u>？
(A)乾燥法－肉乾　　　　　　(B)低溫冷凍法－湯圓
(C)高溫殺菌法－果汁　　　　(D)醃漬法－蜜餞

5-2 ( ) 13. 下列何者<u>不</u>是常見的胃藥成分？
(A)碳酸氫鈉　(B)氫氧化鈉　(C)氫氧化鋁　(D)氫氧化鎂。

( ) 14. 胃酸含有何種成分？
(A)醋酸　(B)硫酸　(C)硝酸　(D)鹽酸。

( ) 15. 胃藥的酸鹼性？
(A)強鹼性　(B)弱鹼性　(C)中性　(D)弱酸性。

( ) 16. 服用碳酸氫鈉作為胃藥使用會產生脹氣，是因為和胃酸反應而產生了大量的何種氣體？
(A) SO_2　(B) O_2　(C) H_2　(D) CO_2。

( ) 17. 當頭痛發燒時，醫生可能開下列哪一種藥物？
(A)嗎啡　(B)青黴素　(C)對－胺苯磺胺　(D)普拿疼　(E)氫氧化鎂。

( ) 18. 藥物足以產生最佳治療效果的份量稱為？
(A)中毒量　(B)最大治療量　(C)治療量　(D)劑量　(E)有效量。

( ) 19. 吸食大麻容易成癮，會對人體哪一個部分造成損害？
(A)眼睛　(B)關節　(C)呼吸系統　(D)中樞神經系統　(E)循環系統。

5-3 ( ) 20. 下列比較布料吸水性的強弱，何者正確？
(A)棉布＞羊毛＞尼龍　　　　(B)尼龍＞棉布＞羊毛
(C)羊毛＞尼龍＞棉布　　　　(D)羊毛＞棉布＞尼龍。

( ) 21. 下列關於合成纖維的敘述，何者<u>不正確</u>？
(A)燃燒後，纖維末端會成球狀
(B)嫘縈是一種常用於內衣、窗簾布的合成纖維
(C)達克綸是生活中常見的一種樹脂
(D)奧綸又稱合成羊毛。

( ) 22. 動物纖維燃燒時會散發出下列哪種味道？
(A)燃燒紙張的味道　　　　　(B)石油的味道
(C)燃燒頭髮、羽毛的味道　　(D)刺鼻塑膠味。

( ) 23. 下列哪一種纖維有耐用、耐汙、不易皺的優點？
(A)麻　(B)蠶絲　(C)羊毛　(D)耐綸。

( ) 24.人造纖維中哪些不屬於「合成纖維」？

(A)耐綸　(B)嫘縈　(C)達克綸　(D)奧綸。

( ) 25.下列哪一種衣料遇到硝酸會呈黃色？

(A)棉　(B)嫘縈　(C)羊毛　(D)耐綸。

( ) 26.如果想要自己動手做肥皂，下列何者材料可以跟氫氧化鈉一起使用？

(A)回鍋油　(B)去漬油　(C)汽油　(D)醬油。

5-4 ( ) 27.下列何者為玻璃的主要成分？

(A)硼砂　(B)石灰　(C)碳酸鈉　(D)二氧化矽。

( ) 28.PVC的單體是什麼？

(A)氯乙烯　(B)丙醛　(C)丙酮　(D)乙烯　(E)乙醇。

( ) 29.下列何者<u>不是</u>熱固性塑膠？

(A)尿素甲醛樹脂　　　　　　　(B)酚甲醛樹脂

(C)三聚氰胺甲醛樹脂　　　　　(D)聚氯乙烯PVC。

( ) 30.下列何者是熱固性聚合物？

(A)酚甲醛樹脂　(B)聚丙烯　(C)聚苯乙烯　(D)聚四氟乙烯　(E)聚氯乙烯。

( ) 31.太空梭在重返地球時，會與大氣層的空氣劇烈摩擦，產生超過攝氏千度的高溫，因此太空梭外殼必須使用最佳的耐熱材料。下列何種材料，最適合作為此用途？

(A)陶瓷材料　(B)玻璃材料　(C)塑膠材料

(D)金屬材料　(E)有機高分子材料。

( ) 32.下列何者<u>不是</u>陶瓷工業的主要原料？

(A)含有氧化鐵的紅色黏土　(B)電木　(C)氧化鋁　(D)高嶺土。

( ) 33.隱形飛機外表所塗抹的材料是什麼？

(A)氧化鈣　(B)氧化鐵　(C)矽酸鈣　(D)二氧化鈦。

( ) 34.目前製造半導體，使用最多的原料為下列何者？

(A)矽　(B)磷　(C)鍺　(D)碳　(E)鋁。

( ) 35.下列何者<u>不是</u>奈米級二氧化鈦光觸媒的應用？

(A)淨化空氣　(B)防黴、殺菌　(C)塗料　(D)去甲醛。

( ) 36.下列何者<u>不是</u>電子封裝材料的特性？

(A)透水性高　(B)玻璃移轉溫度高　(C)熱膨脹係數小　(D)黏著性佳。

二、進階題

5-1 （　）1. 下列何者組合為同分異構物？

(A)澱粉與纖維素　(B)葡萄糖與蔗糖　(C)蔗糖與果糖　(D)麥芽糖與蔗糖。

（　）2. 下列關於醣類的敘述，何者<u>不正確</u>？

(A)醣類由C、H、O三種元素所構成　(B)蔗糖、麥芽糖及乳糖屬於雙醣

(C)麥芽糖水解會得到葡萄糖　(D)雙醣無需消化就可直接吸收與利用。

（　）3. 若某單醣的分子式為$C_6H_{12}O_6$，若是其形成之三醣的分子式為何？

(A) $C_{18}H_{36}O_{18}$　(B) $C_{18}H_{34}O_{17}$　(C) $C_{18}H_{32}O_{16}$　(D) $C_{18}H_{30}O_{15}$。

（　）4. 下列關於蛋白質的敘述，何者正確？

(A)植物不含蛋白質

(B)蛋白質受熱時會變硬，此現象稱為蛋白質的變性

(C)人體可以直接吸收食物中的蛋白質

(D)蛋白質是由多個胺基酸組成的合成聚合物。

（　）5. 下列關於脂肪的敘述，何者正確？

(A)脂肪的最小單位是胺基酸

(B)脂肪比水輕，不溶於水，也不溶於有機溶劑

(C)脂肪可以幫助吸收維生素A、D、E、K

(D)蛋白質、脂質、維生素均為身體的主要熱量來源。

（　）6. 下列不同種茶的比較，何者正確？

(A)發酵程度：紅茶＞綠茶＞烏龍茶　(B)兒茶素：綠茶＞包種茶＞紅茶

(C)咖啡因：烏龍茶＞綠茶＞紅茶　(D)咖啡因：綠茶＞包種茶＞紅茶。

（　）7. 下列關於咖啡因的敘述，何者正確？

(A)咖啡因可以提神並消除疲勞，故攝取越多越好

(B)咖啡因為水溶性，溫度越高其溶解度越低

(C)咖啡因含量：綠茶＞烏龍茶＞紅茶

(D)咖啡因可以提神、刺激消化液分泌及利尿。

5-2 （　）8. 下列何者<u>不是</u>碳酸氫鈉作為胃藥的性質？

(A)化學式是$NaHCO_3$　(B)是一種速效性制酸劑　(C)可中和胃酸

(D)與胃酸反應會產生大量二氧化碳　(E)胃潰瘍患者適用。

( ) 9. 下列關於抗生素的使用方法，何者錯誤？

(A)應直接使用藥效最強的抗生素，以避免抗藥性的發生

(B)使用抗生素，應直到完全痊癒為止，不可中斷

(C)抗生素可以用來治療腦膜炎、淋病、梅毒等

(D)使用抗生素時應遵守三不原則：不自行購買、不主動要求、不隨便停藥。

( ) 10. 下列關於藥物的敘述，何者正確？

(A)使用抗生素時，只要症狀減緩即可停藥

(B)含有碳酸氫鈉的制酸劑容易產生腹瀉

(C)可以自行購買制酸劑搭配其他藥品使用

(D)磺胺類藥物屬於消炎藥。

( ) 11. 下列關於毒品的敘述，何者正確？

(A)海洛因是一種中樞神經興奮劑，屬於第三級毒品

(B)吸食大麻會對人體的呼吸系統造成損害

(C)我國「毒品危害防制條例」將毒品分為四級，其中成癮性與危害性最嚴重的是「第一級」毒品

(D)古柯鹼因具有抑制食慾的作用，所以常被摻入非法的減肥藥中。

5-3 ( ) 12. 下列關於衣料纖維的敘述，下列何者不正確？

(A)棉麻纖維易溶於有機溶劑，且透風涼爽

(B)達克綸的原料為對苯二甲酸及乙二醇

(C)實驗衣材料以合成纖維為最佳

(D)耐綸和蛋白質皆為聚醯胺纖維。

( ) 13. 下列關於肥皂特性的敘述，下列何者正確？

(A)肥皂是油脂與強鹼反應所生成的產物

(B)製作肥皂時，皂化完成後要加入飽和食鹽水才能利用甘油不容於食鹽水的特性，將脂肪酸鈉和甘油分離

(C)甘油與汽油都可以用來製作肥皂

(D)肥皂的去汙作用主要是酸化油汙後再分解去除。

5-4 ( ) 14. 下列關於金屬材料的敘述，下列何者不正確？

(A)所有金屬中，延展性最佳是銀，多用於飾品或機器的接頭

(B)所有金屬中，熔點最高是鎢，可做鎢絲燈泡

(C)金屬的特點為可導電、傳熱快、有光澤且極富延展性

(D)電解氧化鋁時，加入適量的冰晶石，可降低電解的成本。

(　　) 15. 下列關於玻璃的敘述，何者錯誤？

(A)玻璃抗張力強度大，在室溫下具有一點彈性，但如果有裂痕，只要稍微加壓或遇熱就會立刻裂開

(B)在玻璃內加入氧化鉛，會令玻璃的折射係數增加，可以製成閃亮耀眼的水晶玻璃

(C)玻璃耐酸又耐鹼

(D)把玻璃加熱到一定程度，再將表面急速冷卻，會成為強化玻璃。

(　　) 16. 關於塑膠的敘述，下列何者正確？

(A)熱塑性塑膠分子呈網狀結構，受熱會軟化

(B)熱固性塑膠分子呈線狀結構，受熱不易變形

(C)PE、PVC為熱固性塑膠

(D)酚甲醛樹脂(俗稱電木)為熱固性塑膠

(E)熱塑性塑膠不易回收再利用。

(　　) 17. 有關陶瓷的敘述，下列何者正確？

(A)黏土的化學成分主要為二氧化矽

(B)電阻器、半導體器件亦是陶瓷材料的應用

(C)陶瓷中含有氧化鐵使其製成後具有永久硬度

(D)廣義的陶瓷包括成分中含氧化鐵較多的水泥、陶瓷及成分中含氧化鐵較少的磚塊。

(　　) 18. 若將材料顆粒不斷縮小到奈米等級，下列有關其特性的敘述何者錯誤？

(A)其組成原子不會改變　(B)其組成分子不會改變　(C)其顏色不會改變

(D)其化學性質不會改變　(E)其物理性質會改變。

(　　) 19. 有關奈米碳管的敘述下列何者錯誤？

(A)以σ鍵結構組合　(B)有微小、高強度、高導熱度、低消耗功率等特性

(C)奈米碳管皆可導電　(D)由石墨層構成。

(　　) 20. 有關奈米碳管的敘述下列何者錯誤？

(A)僅含碳原子　(B)由石墨層組成　(C)奈米碳管皆可導電

(D)可作為電晶體的材料　(E)未來可能取代矽成為半導體的主要原料。

( ) 21. 下列關於光阻劑的敘述，何者錯誤？

(A)正光阻劑常見成分為環氧樹脂及酚醛樹脂，這兩者皆為熱固性聚合物，未曝光部分會變硬，無法用顯影劑洗除

(B)負光阻劑解析度低，造價也相對較低

(C)光阻劑使用於現今市面常見的電子產品及生物晶片

(D)以上皆錯誤。

( ) 22. 下列關於色料的敘述，何者正確？

(A)色料的三原色為紅、綠、藍三色

(B)愈多顏色重疊愈明亮，最後會變白色

(C)第一種鹽基性染料——苯胺紫被發現後，迅速興起並取代了天然染料

(D)油性墨水即為水性色料，水彩則為油性色料。

( ) 23. 下列關於電子封裝材料的敘述，何者錯誤？

(A)封裝材料現在以較便宜之環氧樹脂及聚醯亞胺為主流

(B)積體電路IC可以應用於電腦、電視與手機

(C)封裝材料需要有水氣透過性小、熱膨脹係數小、玻璃移轉溫度高等特性，才能耐高溫不變形

(D)以上皆錯誤。

三、問答題

5-2 1. 造成香菸成癮的主要物質為何？

2. 何種水楊酸類藥物，可以作為止痛劑、解熱藥和消炎藥，甚至可以用來預防心血管疾病、中風等？

5-3 3. 如何利用燃燒法辨別動物纖維和與植物纖維？

4. 皂化完成後，倒入溶液使難溶於食鹽水的肥皂浮於液面，與甘油分離，此步驟稱為什麼？

5. 肥皂是由一端「　」長碳鏈及一端「　」羧酸根離子組成，空格依序為？

6. 肥皂和合成清潔劑中常添加何者作為輔助劑，用來軟化硬水，去除無機物，且其流入河川及湖泊會促進藻類生長，造成「優養化」？

5-4 7. 為何玻璃內含金屬離子卻不導電？

8. 紅磚為何呈現紅色？

得　分　**全華圖書**

化學(第三版)

學後評量

CH6 現代產業與化學

班級：_____

學號：_____

姓名：_____

一、基礎題

6-1 (　　) 1. 石墨烯是由碳原子排列成何種形狀的平面薄膜？
(A)正三角形　(B)正方形　(C)正六角形　(D)圓形。

(　　) 2. 積體電路簡稱為什麼？
(A)LCD　(B)IC　(C)GPS　(D)PC。

6-2 (　　) 3. 界面活性劑具有何種官能基？
(A)只有親水基　(B)只有親油基　(C)親水基與親油基　(D)以上皆非。

(　　) 4. 哪一項是化妝品的保濕劑？
(A)乙醇　(B)膠原蛋白　(C)三氯沙　(D)福馬林。

(　　) 5. 抗氧化劑<u>不包括</u>下列何種物質？
(A)三氯沙　(B)類黃酮　(C)維生素C　(D)維生素E。

(　　) 6. 選擇化妝品的正確方法為何？
(A)使用化妝品要增量使用才有效果　(B)延長化妝品停留在身上時間
(C)有防腐劑所以可永久使用　(D)選購適合自己膚質的化妝品。

6-3 (　　) 7. 哪一項屬於健康食品的保健功效？
(A)美白　(B)豐胸　(C)壯陽　(D)護肝。

(　　) 8. 燕麥<u>沒有</u>哪項保健功能？
(A)調節血脂　(B)免疫調節　(C)腸胃功能改善　(D)調節血糖。

(　　) 9. 乳酸菌的保健功效是什麼？
(A)調節血脂　(B)免疫調節　(C)調節血糖　(D)調整過敏體質。

(　　) 10.五味子的保健功效是什麼？
(A)牙齒保健　(B)免疫調節　(C)護肝　(D)調整過敏體質。

(　　) 11.凡是經由國家認證的健康食品，哪個單位會核予健康食品字號與標章？
(A)氣象局　(B)環保署　(C)工務局　(D)衛福部。

6-4 （　）12.哪一項屬於合成聚合物？

(A)肝醣　(B)奧綸　(C)纖維素　(D)澱粉。

（　）13.關於網狀聚合物的特性敘述，何者<u>錯誤</u>？

(A)結構呈網狀　(B)耐高溫　(C)不具可塑性　(D)可回收重複使用。

（　）14.哪一項屬於網狀聚合物？

(A)電木　(B)聚乙烯　(C)耐綸　(D)寶特瓶。

（　）15.PET指的是何種聚合物？

(A)聚乙烯　(B)聚丙烯　(C)聚氯乙烯　(D)寶特瓶。

（　）16.PVC指的是何種聚合物？

(A)聚乙烯　(B)聚丙烯　(C)聚氯乙烯　(D)寶特瓶。

（　）17.寶特瓶要避免暴露於高溫環境，以免釋放何種重金屬，引起噁心、嘔吐、頭昏，長期恐對心臟、肝臟造成傷害？

(A)鉛　(B)汞　(C)銅　(D)銻。

（　）18.醫療場所的血袋、輸血管、導尿管幾乎都是何種材質的製品？

(A)聚乙烯　(B)聚丙烯　(C)聚氯乙烯　(D)寶特瓶。

6-5 （　）19.輪胎的製造屬於石化工業的上游、中游、下游哪個部分？

(A)上游　(B)中游　(C)下游　(D)輪胎的製造不屬於石化工業。

（　）20.甲苯的製造屬於石化工業的上游、中游、下游哪個部分？

(A)上游　(B)中游　(C)下游　(D)甲苯的製造不屬於石化工業。

（　）21.合成橡膠的製造屬於石化工業的上游、中游、下游哪個部分？

(A)上游　(B)中游　(C)下游　(D)合成橡膠的製造不屬於石化工業。

（　）22.乙醇(酒精)的製造屬於石化工業的上游、中游、下游哪個部分？

(A)上游　(B)中游　(C)下游　(D)乙醇的製造不屬於石化工業。

6-6 （　）23.醫院中護理人員常使用的消毒劑為何者？

(A)甲醇　(B)乙醇　(C)丙酮　(D)二甲苯。

（　）24.何種物質有防腐、消毒和漂白的功能？

(A)甲醇　(B)乙醇　(C)福馬林　(D)二甲苯。

二、進階題

6-1 ( ) 1. 關於石墨烯的特性敘述，何者<u>錯誤</u>？

(A)低電阻性　(B)高度彈性　(C)易導熱性　(D)易導電性。

6-2 ( ) 2. 界面活性劑的功能不包括何者？

(A)起泡　(B)乳化　(C)懸浮　(D)集中。

( ) 3. 關於甘油的特性敘述，何者正確？

(A)接觸皮膚後會產生清涼感　(B)無色透明　(C)價格昂貴　(D)略帶苦味。

( ) 4. 關於苯甲酸的特性敘述，何者<u>錯誤</u>？

(A)抗菌效果佳 　　　　　　　(B)刺激性高

(C)價格便宜 　　　　　　　　(D)被廣為使用於化妝品中做為防腐劑。

6-4 ( ) 5. 關於鏈狀聚合物的特性敘述，何者<u>錯誤</u>？

(A)結構呈直鏈狀　(B)加熱後不會熔化　(C)具可塑性　(D)可回收重複使用。

( ) 6. 哪種塑膠材質常用於包裝材料、地毯、衣料、纜繩、漁網、文具和可重複使用的容器？

(A)聚乙烯　(B)聚丙烯　(C)聚氯乙烯　(D)寶特瓶。

三、問答題

6-2 1. 選擇化妝品的方法有哪些？

6-5 2. 石化工業為經濟重要的產業，但也屬高汙染風險的產業，請調查石化工業可能帶來哪些汙染？如何預防與改善？

得　分　**全華圖書**

化學(第三版)

學後評量

CH7 諾貝爾化學獎與現代化學發展

班級：＿＿＿＿＿＿＿＿

學號：＿＿＿＿＿＿＿＿

姓名：＿＿＿＿＿＿＿＿

一、基礎題

7-1 (　　) 1. 諾貝爾獎獎項不包括下列哪種領域？
(A)文學　(B)數學　(C)物理　(D)化學。

7-2 (　　) 2. 氨可進一步用來製造何種肥料？
(A)氮肥　(B)磷肥　(C)鉀肥　(D)鈣肥。

(　　) 3. 瑪里居禮發現了哪兩種放射性元素？
(A)鈾、釷　(B)鈾、釙　(C)釷、鐳　(D)釙、鐳。

(　　) 4. 哪位科學家將量子力學應用到化學鍵的研究？
(A)索法吉　(B)桑格　(C)鮑林　(D)哈柏。

(　　) 5. 哪位科學家在1955年將胰島素的胺基酸序列完整地定序出來？
(A)索法吉　(B)桑格　(C)鮑林　(D)哈柏。

(　　) 6. 哪位科學家對分子機器的研究很有貢獻？
(A)索法吉　(B)桑格　(C)鮑林　(D)哈柏。

(　　) 7. 何種領域的研究使科學家能在奈米層次觀察微觀世界的性質？
(A)放射化學　(B)熱化學　(C)綠色化學　(D)分子機器。

7-3 (　　) 8. 何種領域的研究使科學家能減少與消除化學危險物質對環境的衝擊？
(A)放射化學　(B)熱化學　(C)綠色化學　(D)分子機器。

(　　) 9. 何種化學領域利用由有機、無機的構築分子，以所有可能的排列組合方式來
進行化學合成反應，藉此快速得到數目龐大且具多樣性的產物？
(A)綠色化學　(B)量子化學　(C)組合化學　(D)分析化學。

(　　) 10.哪一項<u>不屬於</u>綠色化學12項原則之一？
(A)設計可降解的產物
(B)使用最省錢的設備
(C)避免非必要的化合物的衍生物
(D)使原子經濟最大化。

(請沿虛線撕下)

二、進階題

7-2 (　) 1. 哪個理論**不是**鮑林提出的？
(A)價鍵理論　(B)混成軌域　(C)碰撞理論　(D)共振理論。

7-3 (　) 2. 哪一項**不屬於**綠色化學12項原則之一？
(A)使生產規模最大化　　　　　(B)使用可再生的原料
(C)提高能源效率　　　　　　　(D)使原子經濟最大化。

三、問答題

7-1 1. 諾貝爾設立諾貝爾獎的目的是甚麼？

7-2 2. 瑪里居禮在醫療上有何成就？

3. 鏈終止法是一種DNA定序的技術，請蒐集鏈終止法的資料並做成報告。

7-3 4. 分子機器未來可以有哪些應用？